KB187698

위험한 여행

Barents Sea
카라 해
Norwegian Sea
아이슬란드
스웨덴
핀란드
노르웨이
러시아
덴마크
영국
아일랜드
벨로루시
폴란드
독일
우크라이나
카자흐스탄
몽고
프랑스
루마니아
이탈리아
우즈베키스탄
키르기스스탄
스페인
투르크
메니스탄
동해
포르투갈
그리스
터키
대한민국
일본
중국
시리아
튀니지
지중해
이라크
이란
아프가니스탄
모로코
파키스탄
알제리
리비아
이집트
네팔
동중국해
서사하라
사우디
아라비아
인도
오만
버마
모리타니아
말리
니제르
수단
차드
예멘
남중국해
태국
부르키나
파소
아덴 만
아라비아 해
벵골 만
베트남
필리핀
기니
나이지리아
남수단
이디오피아
타이 만
가나
라카디브 해
말레이시아
가니 만
케냐
소말리아
가봉
콩고 민주
공화국
인도네시아
반다 해
탄자니아
아라푸라 해
앙골라
잠비아
모잠비크
나미비아
짐바브웨
마다가스카르
인도양
보츠와나
NT
QLD
호주
WA
남대서양
SA
NSW
남아프리카
그레이트
오스트레일리아 만
VIC
TAS

북극해
배핀 만
Northwestern Passages
그린란드
NU
NT
YT
AK
캐나다
허드슨 만
베링 해
AB
MB
SK
BC
NL
ON
QC
NB
PE
NS
WA
MT
ND
MN
OR
ID
WY
SD
WI
MI
NY
ME
NH
MA
NE
IA
IL
IN
OH
PA
NV
UT
CO
미국
KS
MO
KY
WV
DE
VA
CA
AZ
NM
OK
AR
TN
NC
MS
AL
SC
GA
TX
LA
북대서양
북태평양
멕시코 만
멕시코
HI
쿠바
푸에르토 리코
과테말라
카리브 해
니카라과
베네수엘라
가이아나
수리남
콜롬비아
RR
AP
에콰도르
AM
PA
MA
CE
RN
PB
PI
AL
SE
브라질
AC
RO
TO
MT
BA
페루
GO
볼리비아
MG
ES
MS
파라과이
SP
RJ
PR
SG
칠레
RS
남태평양
우루과이
아르헨티나
뉴질랜드

허락받지 못할 한량한 젊음의

위험한 여행

THE TRAVEL NOT TAKEN

글·사진 박근하

책미래

남아공의 요하네스버그

길을 걷는데 누군가가 따라온다.

등에서는 나이프의 감촉이 느껴졌다.

"마담…?" (부인…?)

10랜드(2,000원)를 꺼내 준다는 것이

만 원짜리 50랜드가 흘러나왔다.

"아가씨는 정말 좋은 사람이군요!

감사합니다! 감사합니다! 당신을 위해

하느님께 기도하겠습니다! 정말 정말 감사합니다!"

…여기는 세계 5대 위험 도시로 꼽힌다는 요하네스버그.

어느 날 거리에서 울린 한 발의 총성,

거리에서 빈번하게 일어나는 살인 사건,

여행자 숙소를 노린 화재들…

하지만 대부분의 경우에는 적정가라는 것이 있으며

이들에게 있어서도 쓸데없이

사람 죽이는 일은 번거로운 일에 속한다.

콜롬비아의 보고타

길을 걷는데 거지 여인이 따라온다.

"도밀! 도밀!" (2,000원만 줘요!)

"노 머니! 노 머니!" (나 돈 없어요!)

손을 휘휘 저으며 걸음을 빨리 했다.

"아시아 계집애가 돈이 없다고? 지금 나랑 장난해?"

술을 잔뜩 마신 여인은 내 뒤통수를 후려갈기고

씩씩거리며 골목으로 사라졌다.

…거리에서 일 없이 맞고 싶지 않다면

남미에서는 그냥 삥 뜯기는 게

속 편한 여행일지도 모르겠다.

인도의 기차역

…빤히 바라보는 아이의 눈동자가 너무 귀여워

주머니의 사탕을 꺼내 주고 말았다.

아이는 활짝 웃으며 가족들에게 뛰어 돌아가 자랑을 했다.
그것은 여행자의 사소한 부주의였다.
나는 곧 수많은 아이들과 여인들, 거지들에게 둘러싸이게 되었다.
당황한 마음에 더 이상 사탕이 없다고 손을 내저어 보였다.
하지만 사람들은 꿈쩍을 안 한다.
어디선가 불평 비슷한 중얼거림이 흘러나오기 시작했다.

멀리서 상황을 지켜보던 어느 배낭족이 달려와 내 팔을 잡아끌었다.
"너 미쳤어? 여기서 적선하다가는 사고 당하기 십상이라고!"
고맙게도, 나는 배낭족들 사이에서 잠시 안전할 수 있었다.

아프리카에 여행 온 어느 독일인이 있었다.
그는 TV에서 본 아이들의 현실이 가슴 아파 가방 가득 초콜릿을 담아 왔다. 빈민촌에서 초콜릿 가방을 여는 순간, 수백 명의 아이가 달려들었다. 수많은 사상자가 나왔고, 독일인도 죽었다. [1)]

〈이들을 도와주고 싶다면 정식 단체를 통해 기부해 주십시오.
거리의 적선은 당신도, 사람들도 위험에 빠뜨립니다.〉
아프리카에서 만난, 어느 국제기구의 당부 말이다.

중국의 시안

친구들과 또 다시 야시장을 찾았다.

외국인 출입금지 구역의 야시장이다.

[*주: 중국정부는 국가 이미지를 위하여 가난한 중국인 거주 지역에 외국인 출입을 금하고 있다.]

전날 친구가 술김에 적선했던 중국 여인이 친구를 기다리고 있었다.

돈을 받았으니 몸을 팔아야겠단다.

중국어를 못하니 정확한 뜻을 전달할 수 없었지만

아무튼 친구는 도망쳤다.

여자는 친구를 향해 욕을 했다.

그녀에게 있어 몸을 파는 것이 적선을 받는 것보다 자존심을 지키는 길이 아니었을까 하는 생각이 들었다.

... 나는 가끔 생각해 본다.

내가 거리에서 몸을 파는 아이로 태어났다면 어떠했을까.

돈 몇 푼에 나를 사서 호텔방에서 쉬게 해주는 여행자가 있다면

그것이야말로 자존심을 건드리는 오만이다.

그냥 난 그렇게 생각하지 않을까...라는 생각을 할 때가 있다.

인도의 3,000원

"당신에게는 겨우 3,000원이지요. 저한테는 아주 큰 돈입니다.
당신은 혼자겠지만 나는 부양해야 하는 가족이 아홉이나 있습니다.
마담, 제발요... 나는 아주 가난합니다."

1,000원짜리 피리를 3,000원에 팔겠다고 바가지 씌우는 인도 아저씨.
인도의 힘든 현실에 마음이 살짝 움직였다.
피리를 사고서 며칠간 피리를 불며 피리 아저씨를 따라 다녔다.
아저씨는 심하게 빈둥댔다.
겨우 3,000원을 벌기 위해 내가 더 한국에서 죽도록 일했다는 걸 깨달았다.
인도의 현실을 떠나서...
나는 아직도 그 3,000원이 억울하다.

어느 여자 여행자가 알아버린 불편한 진실

인도에서는 열네 살짜리 소녀가 사창가로 팔려간다.

가족들에게 건네지는 돈은 약 10여 만 원.

사회 빈민계층에서 발생하는 이런 일들은 우리에게나 비극이지

그들에게는 힘든 삶의 일부분일 뿐이다.

사람들이 하도 조심하라고 하길래

인도에서 납치당하면 비싸게 팔려가는 줄 알았다.

심야 택시비만 두 배로 계산해 주고

늙고 못생겼다는 이유로 나는 헐값에 넘겨진단다.

...아프리카에서 전쟁고아들을 보며 생각했다.

어린 시절을 아련한 행복으로 기억할 수 있다면

인도의 사창가 여인들도 그나마 축복받은 것인지 모르겠다고...

프롤로그

여행의 길목에서…
내가 아는 세상 이야기

아프리카의 어느 시골 식당.

백인 여행자들이 골목을 지나가는 것이 보였다. 반가운 표정으로 바라보는데 식당 아저씨는 음식을 만들다 말고 나를 보며 소리쳤다.

"너! 아까부터 보자 보자 하니까 자꾸 백인들한테 눈길 주는데, 우린 아시아인들이 백인 아니라는 거 알고 있어! 저들도 아시아인들이 같은 백인이라고 생각하지 않을걸? 행여 저들하고 어울리려고 가서 꼬리치거나 귀찮게 굴지마!"

아프리카에서 백인인 척(?) 하는 아시아인들은 인종 차별을 받는다.

유엔이라는 이름으로 직접 와서 일을 하거나 자선단체의 이름으로 머무는 봉사자들 대부분이 백인이기 때문이다.

하지만 수년 전 프랑스의 정치 잡지(신문)에 실렸던 하버드대 박사학위 논문은 아프리카를 여행하는 유럽 여행자들 사이에서 한때 논란의 대상이 됐었다.

〈우리끼리의 이야기지만 이미 미국 내에서 처리 불가능한 핵폐기물은 아프리카에 묻어야 하지 않겠는가 -.〉

인도에는 아기를 빌려 주는 사업이 있다. 조직에서 갓난아이를 데리고 있다가 여자거지들에게 빌려 주는 사업인데 아기의 대여료는 하루에 천 원. 여자거지들이 그냥 구걸을 하면 사람들이 돈을 주지 않기 때문에 생긴 사업이라고 한다.

여자거지들은 외롭기 때문에 쉽게 아기에게 정을 준다고 한다. 그래서 정을 주지 못하게 반 년마다 아기를 바꿔서 빌려 준다고 했다.

이렇게 빌려 주다가 아기가 자라면 남자아이는 팔다리를 절단하고 얼굴에 화상을 입힌 후 구걸을 시킨다. 이왕이면 한쪽 눈도 뭉개서 흰자위가 보이는 장님으로 만든다. 여자아이의 경우에는 조금 더 남는 장사가 되는데, 매춘 소굴에 팔기 때문이다. 이렇게 팔려간 아이는 그곳에서 잡일을 하다가 소녀가 되면 몸을 팔아야 한다.

나는 이 이야기를 미국에서 만난 어느 일본인에게 들었다. 그는 대학시절에 여행을 다니다가 인권에 관한 다큐멘터리를 만들었다고 했다.

"어느 거지 여인이 아기에게 정을 주고 말았지요. 아기가 자랐을 때 조직에서는 회수를 요구했습니다. 아이는 팔려가고 싶지 않다고 매달렸고요. 거지 여인은 아이를 안고 도망쳤습니다. 조직은 본보기를 원했죠. 결국 여인과 아이는 조직의 손에 잡혔고, 가장 비참하게 죽어야 했습니다. 소문이 퍼져나가자 국제 인권단체가 움직이게 되었습니다.

하지만 달라지는 것은 아무것도 없었습니다. 인권을 보장받기 전에 생존이 걸린 문제니까요. 짐승보다 못한 생존권 말입니다."

... 정작 내가 인도에 있을 때는 듣지 못한 참담한 진실이었다.

아프리카에는 두 부족이 함께 사는 '르완다'라는 나라가 있다.

지금이야 사이가 좋아져 평화로운 나라가 되었지만, 식민지 시절에는 정말로 사이가 나빴다고 한다. 벨기에는 식민지정책의 일환으로 두 부족을 서로 미워하게 만들었고, 결국 독립 후에 한쪽이 다른 한쪽을 일방적으로 학살하는 살육전이 일어나게 되었다. [*르완다 내전: 1959~1996]

"그들이 돌아오고 있다는 소식에 사람들은 모두 공포에 떨었습니다. 많은 사람들이 피난을 준비했죠. 그들이 돌아오면 상상도 못할 보복이 벌어질 거라고요. 하지만 한편으로는 믿었던 겁니다. 설마 유엔이 눈앞에서 진을 치고 있는데 일방적인 학살을 보고만 있지는 않을 거라고, 노인과 어린이, 여자들을 데리고 피난 가는 것보단 차라리 안전할 거라고 말입니다.

하지만 유엔은 아무것도 하지 않았습니다. 문을 닫고 모두를 외면했죠. 길거리 살육은 처참했습니다. 며칠 동안 총알 없이 도끼나 몽둥이, 낫으로 50만 명이 도륙되었고, 300만 명이 도망쳤습니다. 그것은 어떤 정치적인 이유나 독립국가의 내란 때문이 아니었습니다. 처음부터 예상되어 있었고 얼마든지 개입할 수 있는, 민간인들을 지킬 수 있는 현장이었습니다. 하지만 그들은 귀찮았던 겁니다. 그들이 움직이지 않은 이유는 얼마든지 만들어 낼 수 있으니까요. 만약 그들이 움직였다면 움직여야 했던 이유도 얼마든지 만들어 낼 수 있었을 겁니다.

마을은 시체들로 가득했습니다. 거리의 시체를 짐승들이 뜯어 먹었죠. 그 와중에도 국경을 넘은 사람들이 있었습니다. 이웃나라와 취재진, 구호단체들이 이 사태를 눈치 채기 시작했습니다. 그제야 유엔은 국제사회에 보여 주기 위한 개입을 선언합니다. 3,300명의 군인이 투입되었죠. 3,300명으로 무엇을 했냐고요? 글쎄요, 이미 50만 명이 죽은 후인데 딱히 할 일이 있을까요?

... 물론 아프리카에서 국제기구는 꼭 필요합니다. 아마 국제기구라도 없었다면 아프리카는 이미 모든 것이 사라졌을지도 모를 일이죠. 하지만 그들은 현장에서 문 닫고 일하는 모습이 어떤 결과를 가져오는지 진심으로 깨닫지 못하는 사람인 것도 사실입니다."

아이러니하게도 나는 르완다 내전의 진실을 르완다가 아닌 브라질의 버스 정류장에서 들었다. 한국계인 그는 미국에서 의과대학을 중퇴하고, 지금은 기자 파견 업체와 계약을 맺은 상태라 했다. 그는 미국 잡지에 위험지역의 의료현황을 투고하는 프리랜서이기도 했다.

"어떤 증상이 나타나도 병의 원인이 확실한 것은 아닙니다. 특정한 병이 돌기 전에 일률적으로 예방접종을 실시합니다. 대부분은 제때 팔지 못했던 구형 약들이죠. 이것은 오히려 병의 진화를 가져오지만 방법이 없습니다. 사람들에겐 면역력을 키울 만한 시간도 체력도 없으니까요... 사람들의 행복을 결정하는 것은 돈이 아니라 건강입니다. 하지만 결국 같은 말이지요. 빈민촌일수록 오염된 공기와 식수, 전염병 환자들에게 노출되어 있으니까요. 나는 이곳에서 진화된 병균들이 언젠가는 인류를 위협하지 않을까 하는 상상을 곧 잘하곤 합니다. 만약 그렇다면 그땐 부자들도 빈민촌을 결코 외면할 수 없겠지요.

만약 정말로 내 상상 그대로 영화 같은 일들이 벌어진다면, 그들은 백신을 찾아내는 즉시 빈민과의 공존을 선택하기보다는 몰살을 선택해 버릴 겁니다."

부자 십대들의 휴양지로 유명한 미국 마이애미.

이곳에서 만난 할아버지는 MSF(국경없는 의사회)에 있었다고 하셨다.

"게릴라 정부와 반정부군이 맞서 싸웁니다. 둘 다 명분을 내세울 수는 있지만, 둘 다 정당하지는 못한 단체들이지요.

그들은 난민들을 잡아다가 난민촌에 밀어 넣습니다. 그리고 도망가지 못하게 감시합니다. 2주쯤 굶으면 아이들은 아사하고 어른들은 참혹하게 말라갑니다. 이때 취재진들을 부르고 구호단체들을 통해 국제사회의 도움을 요청합니다. 이렇게 들어온 구호품들은 우선적으로 그곳 관리자들의 배를 채우게 됩니다. 하지만 대단한 것은 아닙니다. 다이아몬드 광산이나 밀매로 들여 온 무기고에 비한다면 정말 애들 장난 같은 돈이지요. 국제기구의 도움을 받음으로써 영역싸움의 명분을 얻고 위급 시에는 난민을 방어막으로 내세우는 것이 그들의 주된 목적입니다.

...내가 수술한 수십 명의 사람들 중에 단지 세 사람만 살아남았습니다. 10% 정도의 생존율에 우리는 막대한 지원을 한 셈이죠.

그럼 생각하게 됩니다. 이것이 정말 옳은 일일까? 그 돈이라면 백여 명의 아이들에게 영양제를 놓아 줄 수 있습니다. 곧 죽을 사람들에게 국경없는 의사회라는 이름으로 달려가는 순간, 살아남을 가능성을 가진 백여 명의 아이에게 죄를 짓고 있는 것인지도 모릅니다. 우리는 그것을 알고 있습니다. 하지만 그들을 직접 만나보면 알게 될 겁니다. 인생의 마지막 순간 의사들이 왔다는 사실만으로도 희망을 갖고 죽어가는 사람들을요. 공포와 절망 속에서 구원받았다고 믿으며 죽어가는 사람들을 말입니다. 우리는 미래의 가능성을 알고 있으면서도 현재를 외면할 수 없는 겁니다. 누구든지 현장에 있으면 깨닫게 될 겁니다. 우리가 죄인일 수는 있어도 영웅이 될 수 없다는 것을 말입니다.

국제 규모의 참사가 일어나면 외신들이 달려옵니다. 여기저기 사진을 찍지만 난민촌의 장면들은 기대만큼 참혹하지 않습니다. 쓸 만한 장면이 찍히지 않으면 취재진들은 보도의 방향을 돌립니다. 과연 국제기구는 열심히 일을 하고 있는가? 구호단체들은 정말 구호품들을 효율적으로 쓰고 있는가? 그들은 비난거리를 찾아야 합니다. 그리고 기대하는 장면이 나오지 않으면 방송이 된다 한들 도움이 되지 않을 거라며 도움을 요청하는 정부에 불만을 터트립니다."

밥을 먹으며 이런 이야기를 반찬거리 삼을 수 있는 사람에게는 공통점이 있다. 그들은 연금을 받아 편안한 노년을 보내는 것보다는 언제 죽어도 아쉽지 않은 오늘을 위해 살아갈 것이라고 했다. 우리가 통장을 보며 미래를 걱정하는 동안 적어도 그들은 뒷골목에서 쓸쓸히 사라질 자신의 인생을 두려워하지는 않았다.

"아쉽지만 이제 정말 안녕이군요."

나는 지금도 가끔 후회한다.

나는 왜 한국인 종군기자를 따라 같은 버스를 타지 않았을까?

그날 그를 따라 갔더라면 더 많은 이야기를 들을 수 있었을 텐데… 단지 세계의 3대 축제라 불리는 리우의 카니발이 눈앞에 있었기 때문에?

나는 왜 그날 할아버지의 저녁식사에 따라가지 않았을까?

나를 귀찮아하는 할아버지의 무뚝뚝한 태도에 상처받아서? 아니면 물가가 비싼 마이애미의 고급 호텔이었기 때문에?

세상에는 긴 시간의 여행보다도 더 많은 의미를 부여해 주는 만남이 있다. 뒤돌아보면 나 역시 가이드북의 교과서 학습을 따르느라 그 순간을 놓치고 살아왔던 것 같다.

내 삶을 변화시킬 무언가를 깨닫는 것은 언제나 그 순간이 아닌 먼 훗날의 이야기이다.

… 사람들은 여행에서 무얼 얻어 오냐고 묻는다.

어린 날의 나를 키워 준 것이 여행이다. 스무 살의 방황을 잡아 주었고, 세상을 살아가는 자신을 돌아보게 만든 것도 여행이었다.

교과서를 떠나는 순간 세상을 알게 되었고, 내가 할 수 있는 일과 해서는 안 될 일, 온실 속에서는 알 수 없었던 세상의 잔인함, 그리고 차마 글로는 쓰지 못할 사람들의 아픔도 알게 되었다.

이제 나는 순진하진 않아도 순수하고 강인한 자신을 꿈꾸며 살아간다.

철없던 스무 살로 시작하여 나 자신을 방황하게 만들었던 인도,
인류의 현실을 생각하게 만들었던 아프리카,
사람들의 마음을 사랑하게 만들었던 남미까지…

가끔은 그 사소한 이야기들을 가슴으로 풀어내지 못하는 내 한심한 글솜씨를 한탄해 보면서 말이다.

1) 1991.12 세계은행과 영국《이코노미스트》지에서 최초 보도된 글로 L.H.서머스(하버드대 교수)가 작성한 것으로 알려졌다. 그는 미국 재무장관과 하버드대 총장을 역임하였다.

2) 2006.7.27 CNN-IBN 인도 방송은 정상인들의 사지를 절단하는 의사들을 잠입 취재하여 보도한 바 있다.

3) 인도의 아동 매매가격은 평균 2만 원~ 5만 원. 2007. BBA(인도 아동 구조 재단) 발표.

4) 종군기자: 보통은 군부대를 따라다니며 전쟁터를 취재하는 (전쟁 참여국)기자를 지칭하는 말이다. 전쟁 지역이 아니라도 내란 지역이나 폭동 지역의 특파원, 또는 위험 상황을 투고하는 프리랜서 기자들도 위험 정도에 따라 (준)종군기자라는 표현을 쓰기도 한다.

Part 1. 생각과는 다른 여행

Part 2. 세상의 위험

Part 3. 나쁜 여행 속 소소한 즐거움

Part 4. 여행의 추억, 내면과의 조우

에필로그

여인의 꿈

"마담! 무엇이든지 좋습니다. 제발 저에게 일자리를 주세요."

고급 빵집 앞에서 내게 무릎을 꿇었던 청년의 행동은 급기야 나를 당황하게 만들었다.

"일어나세요. 난 여행자일 뿐 여기서 일하지 않아요."

그는 며칠 전부터 내가 다니는 길목에서 나를 기다리고 있었다.

나이는 몇이고, 컴퓨터 문서를 작성할 수 있으며, 몇몇 전기 장치를 만질 수가 있다고. 내가 가는 길을 나란히 걸으며 끊임없이 자기소개를 했다. 그리고 일자리만 있다면 청소부터 요리까지 무슨 일이든 열심히 하겠다고 했다.

나는 처음에는 그의 말을 "농." (안돼요)으로만 일축하고 있었다.

베넹[*서아프리카 국가이름]의 비버리힐즈라 불리는 코토누의 중심 마을.

마을까지 들어올 용기는 없었는지 그는 날마다 마을의 길목에서 나를 기다리고 있었다. 그리고 나도 손님이라는 말을 알아듣지 못한 채 며칠 째 나를 따라다니며 몇 번이나 자기소개를 반복하고 있었다.

내가 이곳에서 묵고 있었던 사연은 정말로 간단했다.

며칠 전 나는 프랑스인 이반을 공항에서 만났다. 그는 며칠간의 휴가동안 에티오피아에 놀러갔다가 코토누로 돌아오는 길이었다. 그리고 그의 눈에 나는, 불모지와 같은 이곳에 여행을 온 철없는 대학생일 뿐이었다.

숙박 시설이 불완전한 이곳에서 이반은 자신의 집에 머물라고 했었다. 나는 EU(유럽연합)기구에서 일한다는 그에게서 많은 이야기를 듣고 싶었다. 하지만 그는 너무 바빴다. 나는 그저 그의 집에서 숙식만 제공받았을 뿐, 기대와는 달리 아침이 되면 마을을 거닐며 혼자 놀아야만 했다. 그래도 현지인들에게 있어서 주택가의 외국인들은 선망의 대상이었으리라. 주택가에서 나와 마을을 돌아다닐 때면 늘 사람에게 둘러싸이는 것은 어쩔 수 없는 일이었다. 하지만 청년은 무작정 쫓아오던 다른 사람들과는 조금 달랐다.

새벽부터 내가 주택가를 나서는 것을 기다리고 있었고, 내 주변을 맴돌다가 내가 가끔 지나치게 많은 사람에게 둘러싸이게 되면 직접 나서서 사람들을 물리쳐 주었다. 그리고 저녁 시간, 집으로 돌아갈 때면 내 옆을 나란히 걸으며 자기소개를 했다. 나는 그를 모른 척 했지만 그는 개의치 않고 끈질기게 날마다 자기소개를 반복했다.

...그는 그날도 나를 따라오며 불어로 자기소개를 하고 있었다.

내가 빵집에 들어섰을 때 그는 따라오던 발걸음을 멈추고 문밖에서 나를 기다렸다.

아무리 현지인들의 존재를 무시하려고 노력해도 이럴 때 가슴 아픈 것은 어쩔 수가 없다. 도대체 이 나라의 주인이 누구인데 현지인들은 함부로 출입할 수 없는 상가들이 즐비하단 말인가. 물론 경비원들이 구분하는 것은 국적이 아니라 빈자와 부자일 뿐이겠지만 말이다.

빵을 사고 빵집 앞을 나섰을 때 그와 나는 눈이 마주쳤다.

또다시 못 본 척 고개를 돌려던 순간 그는 내 앞을 가로막은 채 무릎을 꿇고 울음 섞인 목소리로 소리쳤다.

"마담! 제발 제게 일자리를 주세요!"

나는 당황해서 그를 일으키려고 했다. 하지만 그는 꼼짝도 하지 않았다. 내가 그를 도와줄 힘이 없다는 것을 설득시키는 것은 불가능해 보였다. 그의 절실함 앞에서는 어떤 말도 나올 수가 없었다. 경비병이 다가와 그를 억지로 내쫓으려 했지만 그가 위험하지 않다는 것은 그도, 나도, 경비병도 모두가 알고 있었다.

나는 그의 앞에 무릎을 꿇은 채 마주하고 앉았다.

"엑스뀌제. 즈 네 쁘 빠 빠를로 프랑세." (미안해요. 나는 불어를 할 줄 몰라요.) "Can you speak English?" (영어 할 줄 알아요?)

그는 조금 놀란 눈으로 나를 쳐다보았다.

"Yes." (네.)

그가 영어를 할 줄 안다는 사실에 나는 조금 안도했다. 하지만 그의 불어식 영어는 상당히 서툴렀다. 그리고 그런 그에게 이곳에서 내가 쓰는 영국 식민지식 영어로 도와줄 수 없다고 설득시킬 자신이 없어졌다.

나는 잠시 망설이다가 그에게 커다란 빵 두 덩이를 건넸다.

"I'm just visitor. I'm not working here. I'm sorry I can not help you." (나는 이곳에서 일을 하지 않기 때문에 당신을 도와줄 수가 없어요.)

그가 과연 알아들었을까? 그는 말없이 빵을 건네받았다.

나는 다시 그를 외면하고 집으로 향했다. 한참을 걷다 돌아보니 그는 여전히 두세 걸음 떨어진 곳에서 나를 따라오고 있었다. 하지만 그는 목적을 잃은 채 어디로 가야 할지 모르는 사람인 것 같았다.

이반은 오늘도 너무 바빴다. 저녁에 돌아와 요리사가 음식을 가져올 때까지 그는 컴퓨터만을 들여다보고 있었다. 저녁을 먹으며 그제야 나의 일과를 묻는 이반에게 나는 그의 이야기를 할까 하다가 관두기로 했다.

사실 주택가에서 벗어나 길을 걸으면 구걸하거나 일자리를 찾아 내게 말을 거는 사람이 많을 거라는 건 그도 알고 있을 것이다. 게다가 무전취식객인 내가 누군가의 일자리 얘기까지 꺼내는 건 너무 뻔뻔한 일인 것 같았다.

하긴, 그 청년은 더 이상 나를 기다리지 않으리라.

이틀 후...

나는 바닷가를 거닐고 있었다. 단조로운 바닷가 풍경을 바라보는 건 잠시 동안이었고 사실 나는 다른 생각을 하고 있었다. 소금바람이 가득한 이곳을 이제는 떠날 때가 된 것 같았다.

해변의 끝에서 청년과 아이의 손을 잡은 여인이 나를 기다리고 있었다. 나를 방해하지 않으려고 해변의 끝에서 그렇게 몇 시간을 서 있었을 것이다.

이곳 여느 여인들처럼 그녀 역시 앙상했지만 눈빛만은 살아 있었다.

"빵을 감사하게 받았어요. 덕분에 어제는 아이가 빵을 먹을 수가 있었어요. 마담. 감사의 뜻으로 제가 마담을 위해 일할 수 있는 기회를 주시겠어요? 요리나 청소도 할 수 있고 빨래나 수선도 할 수 있습니다."

그녀는 현지어로 말했고 청년이 서툰 영어로 통역했다.

나는 그녀가 알아들을 수 있도록 서투른 불어 단어를 나열했다.

"저는 오늘밤 떠납니다. 그리고 지금 저를 도와주실 일은 아무것도 없어요."

순간, 그녀의 눈동자에는 서운함이 가득했다.

나는 그녀에게 부탁할 게 없다는 것이 한없이 미안해졌다.

그래서 주머니를 뒤져 1,000CF[*세파프랑, 우리 돈 2,000원]을 내밀었다.

애써 인사하러 온 그들의 자존심을 건드리고 싶지는 않았지만, 내가 할 수 있는 마음의 표현은 그것뿐이었으리라.

순간 청년의 표정은 묘해졌다. 여인은 순간적으로 망설였지만 내가 내어준 돈을 순순히 받아들였다.

내가 그녀에게 인사했다.

"멱시." (고마워요)

나는 처음부터 아이의 얼굴은 보지 않았다. 그리고 그렇게 뒤돌아서서 왔던 길을 되돌아 나갔다.

청년과 여인, 그리고 아이는 내가 바닷가를 거닐고 있는 동안 멀리서 나를 바라보았다.

그리고 내가 집에 도착할 때까지 여러 걸음 뒤에서 나를 배웅했다.

내일 떠나겠다는 말에 이반은 마지막 만찬을 준비했다. 그리고 내게 물었다. 지금 이 순간 여행의 꿈을 실현하고 있는 내가 진정 원하는 것이 무엇인지를.

굳이 억지로 대답해야 한다면 여행을 통해 진정 내 꿈이 무엇인지를 깨닫고 싶었을 뿐이다.

그리고 오늘 만난 그 여인의 꿈은 무엇이었을까 생각해 본다.

빵 두 덩이의 호의에도 보답하고 싶었던 그녀의 마음…

사실 내가 기억하는 것은 빵이나 인사치레가 아니다.

그날 여인에게서 느낄 수 있었던 마음과 품위.

사람에게도 품격이 있다면 그녀가 내뿜는 향기는 결코 나 따위가 비교할 수 있는 그런 것이 아니었으리라.

나는 내가 누리는 것과 사람의 향기에 대해 생각하게 된다.

같은 시대에 살아도, 훌륭한 향기를 갖고 있어도 단지 태어난 곳이 다르다는 이유만으로 그녀와 나 - 우리의 현실은 이렇게 달랐다.

Part 1. 생각과는 다른 여행

22살의 방황... 그리고 인도

"그럼, 편히 쉬십시오."

호텔 사장은 부드러운 목소리로 말했지만 기분이 너무나도 언짢았다. 이렇게나 비참할 수 있을까. 호텔 로비에서 만난 한국인 여학생은 그럴 줄 알았다며 한쪽 입가로 웃었다.

일주일의 사막 여행이었다.

왜 이유 없이 사막을 떠돌아다니고 싶었던 건지, 왜 팀을 짜지 않고 가이드만 데리고 사막에 가겠다고 했었던 건지, 그래도 솔직히 내 바람에 후회가 있는 것은 아니었다. 다만 행복해야 할 사막여행이 불신과 두려움으로 변해 버렸고 3일째 되는 날 결국 가이드를 따돌리고 혼자 도시로 돌아온 것이 너무나 슬플 뿐이었다.

"여자 혼자 돌아다니면 위험하지 않아요?"

“인도 사람들 착해요. 혼자 다녀야 친구도 쉽게 사귈 수 있고 내 마음대로 돌아다닐 수도 있지요.”

“처음에는 누구나 다 그렇게 이야기하죠.”

한쪽 입가로 웃는 여학생이 거슬렸지만 어쩌겠는가. 나는 내 여행을 다시 떠날 수밖에.

세계적인 가이드북 ‘론리플리넷’ 사장은 그렇게 말했다.

세상에서 가장 아름다운 곳은 사막이라고.

어린왕자의 여우도 그랬지.

사막 어딘가에 오아시스가 있을 거라고.

인생에서 처음 만나는 사막…

나는 언제나 사막에 대한 환상이 있었다.

하지만 혼자서 사막을 가겠다는 기분을 설명하지 않은 것이 화근이었는지도 모른다. 그리고 지금 와서 생각해보면 내 가이드 ‘체나’는 나쁜 사람이 아니었는지도 모른다. 다만 나와는 달리 ‘인생은 즐기는 것’이라는 생각이 확실한 사람이었고 그가 자랑스럽게 보여준 노트에는 한국인들이 쓴 영어로 된 칭찬과 함께 그의 생각을 조심하라는 충고가 한국어로 적혀 있을 뿐이었다.

처음에는 한국인들의 충고를 무시하고 싶었다. 인도까지 와서 인도인의 가치관에 이러쿵저러쿵, 뒤따라올 한국인을 위해 충고까지 쓰고 떠난 사람들이 못마땅했기 때문이었다.

사막에 들어갔던 첫날 체나는 내게 관심이 많았다.

저녁은 배부르게 먹었는지 사막의 바람이 춥지 않은지를 물었고, 시원스러운 웃음으로 내가 잠들 때까지 모닥불을 피울 것이라고 했다.

다음날 아침 우리는 다시 출발했다. 어디를 가냐고 물으니 파키스탄과의 분쟁 지대로 간다고 했다. 고약한 파키스탄 사람들에게 나를 팔아 버리고 그 돈으로 색시를 얻어 사는 것이 꿈이라고 했다. 그는 재미있다는 듯이 한바탕 웃어댔지만 나는 웃지 않았다. 사실 우리가 어디로 가고 있는지는 중요하지 않았다. 그저 사막에 있다는 사실만으로 충분히 행복했으니까.

겁이 많은 낙타하고도 이제는 꽤 친해졌다. 어제까지만 해도 나만 보면 울 것 같은 표정이더니 이제는 내심 다가오고 싶어 하는 눈치를 보인다.

태어나서 처음 보는 사막이었기에 풀 한 포기가 감동이었고, 밤이 되면 불어 닥치는 추위와 나를 덮어 버리는 모래 바람까지…

모두 하나하나가 특별한 순간으로 기억되고 있었다.

이상한 것은 하루가 지나고 이틀이 지나도 체나는 자신의 낙타를 끌기만 했다는 점이다. 답답한 마음에 낙타를 언제 탈 것인지 물어보았지만, 항상 내일이라고만 대답했었다.

그는 사막에서 양고기와 맥주를 먹자고 했다. 집시를 불러 춤과 노래를 즐기자고 했다. 들은 척도 안 하니 이번에는 사랑고백이다. 나는 유부녀라고 거짓말을 했더니 남편은 나를 사랑하지 않는다며, 진지한 얼굴로 설득하기 시작했다.

… 나는 그날 밤 단둘이 있는 것이 불안해져 결국 집시들을 불러 밤새 모닥불을 피우고야 말았다.

그리고 예상했던 대로... 집시들은 너무 굵어 쉬어 버린 목소리로 노래를 했고, 어린애 유치원 율동 같은 동작을 반복했을 뿐이다.

체나는 악사들과 술을 마셨고, 간간이 내 사진을 찍어 주었다. 나는 집시들과 춤을 추고 이야기를 했다. 그리고 밤이 깊어, 조금 멀리 떨어진 곳으로 담요를 들고 가서 혼자 잠이 들었다.

그리고 다음날 아침, 밤새 술을 마셨던 체나는 커다란 우물에 들려 식량을 구해오겠다며 혼자서 떠나버렸다.

나는 체나를 기다리며 낙타에게 물을 먹이고 있었다.

그때 저 멀리서 들리는 커다란 목소리.

"Hey my friend! What time do we eat?" (이봐요, 가이드! 그럼 점심은 언제 먹는 거죠?)

나는 무의식 중에 웃음을 터뜨리고 말았다.

누군가가 영어로 소리치고 있었는데 그는 유식한 영어에 완벽한 경상도 억양을 구사하고 있었다.

반가운 마음에 나는 힘껏 소리쳤다.

"대구서 왔는 갑지예~?"

건장한 청년이 힘차게 대답했다.

"맞는데요! 그쪽도 대구아이심교~?"

"아니요~! 전 서울에서 왔어요~!"

스무 명 남짓의 한국인들이었다. 1박 2일의 사막 여행이라는데, 사막 여행이라기보다는 낙타 관광이리라. 그들의 낙타는 넘버원이 뛰면 경주하듯 모두가 따라 뛰었다.

"왜 혼자 있어요?"

낙타가 뛰고 한국인들이 즐거운 비명을 지르는 사이 그들의 가이드가 다가와 이곳에 있는 이유를 물었다.

나는 그에게 내 여행 이야기를 들려주었다. 그런데 가이드의 표정이 순간적으로 굳어 버렸다. 그리고 더 이상 체나와 단 둘이서 사막으로 가지 말라고 충고했다.

나는 가이드에게 고맙다며 미소 지었다. 그리고 문득 노트의 충고들이 떠올랐다.

하루 만에 내게 반했다며 남편을 믿지 말라는 체나의 생각. 사막에서 춤과 바베큐, 집시들을 좋아하고 감기약으로 '방'[*대마의 일종. 이곳에서는 불법이 아니다.]을 권했던 그의 행동들.

설령 그가 감기약으로 진짜 방을 사용하고, 그의 생각 없는 말들이 어떤 의도가 있던 것은 아닐지라도, 나는 더 이상 그를 신뢰할 수 없다는 생각이 들면서 앞으로 그와 함께해야 할 사막 여행이 문득 두려워졌다.

이 사람은 체나를 아는 걸까?

묻고 싶었지만 물을 수가 없었다. 만약 그가 체나를 알고 있다면 그는 동료일지도 모르는 체나와 나, 둘 중 누군가에게는 거짓말을 해야 하기 때문이었다.

"이봐요, 가이드!"

멀리서 한국인 청년이 그를 불렀다.

어느덧 점심시간이 되었다. 한국인들의 낙타 떼는 이미 사라지고 없었다. 다시 물을 먹일 때가 된 듯싶어 낙타들에게 다가갔다. 그리고 그 순간, 체나의 낙타는 큰소리로 울부짖으며 제자리에서 뛰어올랐다! 나는 체나가 낙타를 타지 않은 이유를 깨달았다. 체나의 낙타는 사나웠던 것이다!

그렇다면 체나는 처음부터 낙타를 탈 생각이 전혀 없었고, 우리는 사막으로 향한 것이 아니라, 마을과 마을 사이로만 걸었을 뿐이라고 쉽게 추측할 수 있었다.

나는 마음속의 혼란을 정리할 수가 없었다. 아니, 사막 여행을 순수하게 기뻐할 수 없었던 것은 사실 체나의 노트를 읽는 순간부터 시작되었던 것인지도 모른다.

늦은 오후, 시원한 미소와 함께 마을로 돌아온 체나는 나를 놀라게 해주겠다며 사막으로 향했다.

두 시간쯤 걸었을까... 세상을 집어 삼킬 듯 거대한 모래언덕이 나타났다. 바닥에는 백여 대의 지프차와 관광차가 늘어 서 있었다. 족히 십여 미터는 넘을 듯한 모래언덕들이 끝없이 펼쳐져 있었고, 그 위에는 수백여 명의 관광객과 낙타가 석양을 바라보며 장관을 이루고 있었다.

발이 사정없이 빠져 대는 거대한 모래언덕을 미친 듯, 정신없이 허우적거리며 뛰어오르는 데는 아주 오랜 시간이 걸렸다. 그리고 잠깐이었다. 거대한 하늘의 1/4을 차지하는 태양이 모래언덕에 내려앉았을 때 나는 탄성을 지르고야 말았다. 그리고 내 탄성소리는 이내 여기저기서 들려오는 감탄과 함께 카메라 셔터 소리에 묻혀 사라지고 말았다.

어느 덧 체나는 내 뒤로 다가와 있었다. 오늘 밤은 사막의 마을에서 묵자고 속삭였다. 어제보다 조금 더 비싼 집시들을 부르면 어젯밤과는 비교도 안 될 정도로 아름다운 춤을 구경할 수 있다고 했다.

그는 계속 "If you want..."(만약 당신이 원한다면...)이라고 열심히 속삭이고 있었지만, 나는 석양이 질 때까지 하늘만 바라보고 있었다.

사막의 아름다움이란 이런 것이었구나...

석양에 묻혀 버린 지프차들과 낙타들, 그리고 수백여 명의 관광객들.

나는 이들 역시 사막의 일부분임을 절실히 깨달았다. 사람들은 사막의 환상을 가지고 살아가는 것이 아니라 이 한순간의 풍경을 가슴에 묻고 살아가는 것이리라.

해가 완전히 졌을 때 나는 조용히 모래언덕에서 내려왔다.

가능하다면 아주 오랫동안 사막을 바라보고 싶었으나, 체나가 두렵다면 더 어두워지기 전에 결정을 해야 한다고 생각했기 때문이다.

가방을 챙겨들고 차들 쪽으로 걸어가니 체나가 따라오면서 무슨 일인지를 묻는다.

나는 내가 원하는 사막 여행에 대해 다시 생각해 보고 싶다고 대답했다. 지금은 나 혼자 마을로 가겠다고 했더니, 그는 당황한 표정으로 변해 버렸다. 낙타를 타고 자신과 함께 마을로 돌아가자고 했다. 만약 자신과 함께 돌아가지 않는다면, 여행사 사장은 결코 남아 있는 돈을 돌려주지 않을 것이라고 했다. 거칠게 강요하는 그의 목소리는 이미 애원 반 협박 반이다. 하지만 나는 남아 있는 4일간의 계약보다 그저 되도록이면 빨리 그에게서 도망치고 싶었다.

그리고 체나의 거짓말과는 달리,
도시로 돌아가는 지프차는 혼자서도 쉽게 수배할 수 있었다.

낙타를 타고 3일 전에 떠나왔던 도시는 지프차로 불과 2시간 거리.

사막에서 완전히 져버린 줄 알았던 석양은 차를 타고 돌아오는 동안 지평선 끝에 걸려 내내 아름답게 빛을 발하고 있었다.

호텔 사장의 제왕학

양복을 입고 있는 배불뚝이 사장님, 비쩍 마른 몸매에 전통 사리를 입고 있는 사모님, 해리포터 안경에 빨강색 나비넥타이를 하고 있는 초등학생 외동아들.

이 호텔 가족들을 어떻게 표현해야 할지 모르겠다.

그저 그 세 사람이 접대용 미소로 나란히 서 있는 것이 마치 한편의 코믹영화 포스터 같은 인상을 받았다.

사막에서 돌아온 그 날.

나는 사막 여행의 꿈이 깨졌다는 사실만으로도 심각하게 우울한 상태였었다. 호텔 사장은 사막에서 무슨 일이 있었는지 물어보더니 자신은 체나하고는 아무런 관계가 없다며 혹여라도 소문이 나면 내가 거짓말쟁이라는 사실을 인터넷으로 알리겠다며 소리치고 화를 냈다.

하여간 장사꾼들이란! 처음 만났을 때는 인도의 마하라자 패밀리(왕족)로서 유럽의 심리학부터 중국의 제왕학까지 배웠다고 자랑을 하더니! 이제는 화장실까지 쫓아와 문을 두드리며 협박을 하고 있다.

이쯤 되면 호텔 사장이 체나와 상관없는 사람이라는 주장이 오히려 의심쩍지 않은가!

어쨌든 나는 강하게 항의를 했고, 예상했던 대로 여행사 사장과의 말싸움에서 져버렸으며, 결국은 안전을 위해, 한국인 여자 두 명과 함께 사막 관광지 마을로 떠나는 것으로 문제는 일단락되고 말았다.

그리고 나는 그저 편히 쉬고 싶을 뿐이었다. 아니 어쩌면 혼자서 울고 싶었는지도 모른다. 소중한 사막 여행의 꿈이 이렇게 망가지지 않았는가.

...하지만 호텔방 문틈으로 나를 엿보는 사내가 있었으니, 그가 바로 중국의 제왕학까지 배웠다는 인도의 왕족, 우리의 호텔 사장이시다. 그는 저녁 내내 방문 밖에서 서성거리더니 저녁 샤워가 끝나기 무섭게 방문을 두들기고 메뉴판을 들이대며 호텔에서 나오는 비싼 저녁식사에 대해서 장황하게 설명하기 시작했다.

저녁식사를 거절하니 10분마다 방문에 노크하면서 온갖 호객 행위로 날 가만두지 않는다.

맥주, 세면도구, 야식, 기념품, 며칠 후에 떠날 기차표 예약...

내가 별 반응이 없자 자기를 믿지 않는 거라 생각했는지, 급기야는 여행자들이 낙서를 하고 간 방명록을 들고 왔다.

사장은 내 방 문턱에 서서 영어로 적힌 칭찬들을 자랑스럽게 읽어나갔다. 그리고 한글로는 뭐라고 쓰여 있는지 물어보는데, 아니나 다를까 사장의 호객행위가 지나치다는 불평만 잔뜩 쓰여 있었다.

"정말 좋대요. 당신은 정말 열심히 일하는 사장이라고 써놨네요."

코믹 영화의 조연쯤으로나 보이는 그는 매우 흡족한 표정이다.

"이곳은 종업원 없이 가족이 운영하는 호텔이라 도난이나 사기에 관한 어떠한 문제도 일어나지 않습니다. 허허허!"

... 내가 볼 땐 사생활 침해와 바가지 요금이 더 큰 문제인 호텔이었다.

분명한 것은 호텔 사장의 집요한 호객 행위에 지쳐 내가 먼저 쓰러져 버렸다는 것이다. 사막 여행에 대해 밤새 우울해하고 많이 반성해야 할 것 같은데... 이놈의 호텔 사장, 저녁 내내 문을 두들긴 것도 모자라 밤새 복도에서 얼쩡거리는가 싶더니, 새벽 4시에는 화장실 물 내리는 소리를 듣자마자 문을 두들기고 아침 식사 메뉴를 들이댔다.

... 편히 쉴 수 없는 호텔임은 분명했지만 떠나는 날 아침에는 우울증조차 도망가고 없었다. 사장의 밤샌 사업수완 덕분에 스트레스를 받느라 슬픔에 빠질 여유 따윈 없었기 때문이었다.

그리고 쿠리에서 돌아온 그날 저녁.

호텔 사장은 나를 위해 멋진 식사와 별이 보이는 옥탑방을 준비해 두었다. 아마도 아침 식사를 하면서 '학생이면서 예비 기자' [*당시 나는 야학에서 편집장을 맡고 있었다.]라고 소개했던 것이 또다시 그의 사업 본능을 자극시켰던 것이리라.

아무리 내가 가이드북을 쓰는 것이 아니라고 강조해도 그날 밤 사막을 함께했던 한국인들을 따돌린 채 반 억지로 비싼 맥주를 마셔야 했고, 나 혼자 사막의 별이 보이는 스페셜 룸으로 안내되었다.

...그래도 다행이랄까?

그날 밤 마을에는 약간의 비가 내렸다. 사막에서는 몇 달 만에 한 번씩 내린다는 여우비였다.

이국땅에서 스쳐 가는 여우비는 어린 여행자의 마음을 적시기에 충분했다. 온종일 나를 괴롭혔던 따가운 날씨는 조금이나마 시원하게 바뀌었고, 하늘의 비는 하늘의 별과 함께 내 마음만큼이나 깜빡이고 있었다.

호텔 사장이 서비스로 가져다 준 치즈에서는 사막의 냄새가 흘러나오고 있었다. 그 향은 집시들과 춤을 추며 먹었던 음식들, 그 냄새 그대로였다.

사막의 빗방울은 옥상 지붕을 즐겁게 연주하고 있었다. 그날의 음률과 현소리가 춤을 추는 동안 눈앞에서는 그 밤의 모닥불이 타오르고 있었다. 형편없다고 느꼈던 그 노랫소리가, 유치원 율동 같다고 느꼈던 그 춤들이 눈앞에서 아른거렸다. 마음속에서는 알 수 없는 그리움과 함께 그날의 기억이 떠오르고 있었다.

"메 샤디슈다." (나는 이미 결혼했어요.)

나는 집시들에게도 거짓말을 했다. 체나의 속 보이는 사랑고백이 불안했기 때문이다. 하지만 체나는 내 말에 신경 쓰지도 않았고 악사들과 함께 조금 떨어진 곳에서 담배를 피고 있었다.

순진한 집시 여인은 남편의 눈치를 보면서 깨진 플라스틱 팔찌를 내 손에 끼워 주었다. 결혼을 상징하는 검은색 목걸이도 걸어 주었다. 팔찌와 목걸이는 그녀가 지니고 있었던 유일한 장신구였다. 그녀가 나를 향해 불러 줬던 그 노래는 - 그것이 정말 노래인지, 기도인지는 알 수 없으나 - 분명 내 결혼생활을 축복하는 마음이었을 것이다.

...그렇구나! 나는 순간 중요한 것을 깨달았다. 그것은 한국인들과 했던 안전한 사막여행보다도 아름다운 경험이었다! 이것이야말로 내가 꿈꾸었던 사막 여행의 일부였던 것이다!

그녀들도 지금 이 비를 맞고 있을까? 아니면 오늘밤도 어느 여행자들 앞에서 춤을 추고 있을까? 어쩌면 몇 달 만에 내리는 가랑비의 축복 속에서 오늘만큼은 무서운 남편과 다정한 한때를 보내고 있을지도 모른다.

하늘에서 여행을 떠나온 빗방울들은 어느새 안개처럼 흩어지고 있었다. 밤하늘 속 별들이 다정하게 반짝이고 있었다. 점점 시원해지는 마음을 느끼면서 왠지 모를 아쉬움에 나는 조금 더 길게 하늘을 쳐다보았다. 빗님이시여... 그녀에게 축복을, 내 사막 여행에도 축복을.

그리고 끊임없이 이어지는 사장의 호객 행위에 조용히 별을 감상할 수 없었던 나는 결국 옥탑방에서 내려와 한국인 여행자들과 함께 깊은 잠을 청할 수가 있었다.

그리고 사막 여행 이후...

나는 호텔 사장에게서 중요한 것을 배웠음을 깨달았다.

지나간 일로 슬퍼하는 누군가를 만났을 때, 또는 힘든 시간을 보내고 있는 누군가를 만났을 때는 어설픈 배려보다는, 상대방을 정신없게 만드는 것이 도움이 된다는 것이다. 혼자 슬퍼하고 과거에 집착하는 것보다는 정신없이 사는 것도 멋지게 살아가는 한 방법이 아니겠는가!

설사 그것이 짧은 인생에서는 정말 바보스러운 인간관계가 될지라도 말이다.

...그곳은 아마 지금도 자이살메르의 어딘가에 서 있을 것이다.

사업가의 탈을 쓴 아버지와 해리포터 아들이 우울한 여행자를 위해 밤새 바가지 호객 행위를 하는 그 곳.

그리고 빗속의 별을 바라보는 여행자를 위로하고자 사막의 추억조차도 방해했었던 인도 왕족의 비즈니스...

그 후로 나는 세상이 힘들 때면 그들의 제왕학을 떠올리며 혼자 웃을 때가 있었다.

사랑과 Shut up

“Oh my God! What happened?”

(맙소사! 너 무슨 일을 당한 거야?)

그는 심한 충격을 받은 듯 보였다.

“What's the problem? Nothing!”

(왜? 아무 문제없는데!)

나도 심하게 당황했다.

이번엔 또 뭐가 문제라는 거지?

중인도의 아우랑가바드.

나는 이른 아침 숲속 사원을 가는 길에 한 이스라엘 남자를 만났다.

"You are also on vacation! How old are you?"

(너 역시 학교 방학인 게로구나! 그런데 몇 살이지?)

한국인을 많이 안다며 한국식으로 나이부터 묻는다.

"16 years old." (열여섯 살이야.)

한국을 안다기에 한국식으로 대답했다.

[*주: 인도나 이스라엘의 경우에는 16세까지가 미성년자입니다.]

그는 학교를 물었다. 대학생이라 했더니 나이가 어리지 않느냐고 묻는다.

"Because I'm genius." (천재니까 괜찮아.)

우리는 항상 함께 움직였다. 오늘은 아잔타 석굴 사원, 내일은 엘로라 석굴 사원. 값싼 숙소를 찾기 위해 항상 헤매야 했고, 하루에 다니는 버스는 달랑 몇 대...

이렇게 척박한 환경에서 여행자의 스케줄이란 몽땅 똑같을 수밖에 없다. 오죽하면 남녀가 인도를 한 달 다녀오면 애인이 되어 있고, 두 달을 다녀오면 아기가 생긴다는 농담이 있을까?

숙소에서 방을 잡은 뒤 그의 방에 놀러갔다.

그는 무척이나 화가 나 있었다. 아까 호텔에서 체크인할 때 내 여권을 봤다는데, 내가 열여섯 살이라고 했던 것이 사기를 친 것이라며 화를 냈다.

... 내가 열여섯 살이 아니라 스물두 살이면 뭐가 달라지는데?

그는 나와 여행하는 동안 열여섯 살에 물리학을 공부하는 천재 소녀를 만나 무척이나 행복했다고 한다. 그리고 이 소녀가 자신에게는 너무 어린 것 같아 가슴이 아팠다고 했다.

전혀 동의할 수 없는 이유도, 가슴 아픈 듯이 말하니까 조금씩 죄책감이 들기 시작했다.

"I'm sorry." (미안해요.)

나는 그에게 사과했다. 그는 순순히 내 사과를 받아 주었다.

그리고 인생에서 나이는 중요하지 않다고 했다. 혼자서 인도를 여행하는 놀랍고 사랑스러운 여자라고 나를 칭찬했다.

나도 그가 멋진 남자라고 대답했다.

그의 얼굴이 다가왔다.

"What are you doing?" (뭐하는 거야?)

그는 부드럽게, 그리고 조금은 터프하게 속삭인다.

"Oh~ Shut up!" (쉿!)

[*주: shut up은 '닥쳐'가 정확한 번역입니다.]

그리고 그의 입술이 내 입술에 닿으려는 순간,

"What~!!!" (뭐하는 짓이얏!!!)

나는 비명을 지르면서 그를 밀쳐 버렸다.

침대에서 굴러 떨어진 그는 어리둥절한 표정으로 자기를 사랑하지 않느냐고 물어본다.

우리가 만난 지 며칠 됐더라?

여행을 하다가 사랑에 빠지는 것...

서양인들은 '아름다운 사건'이라고 표현했지만, 한국인들은 '여행은 현실이 아니니 마음을 믿어서는 안 된다.'고 충고했다.

게다가 나는 예나 지금이나 한국 촌닭임에는 변함이 없다고 생각한다. 한국에서 자란 내가 외국 남자와 사랑에 빠진다는 것은 내가 아는 토종 상식에서는 절대로 일어날 수 없는 일이었다.

"Whose story?" (누가 널 사랑한다는 거야?)

반 놀리듯 매섭게 쏘아붙였다.

하지만 화를 내며 휙 돌아서서 나와 버리기에는 그는 너무나도 따뜻한 사람이었다.

우리는 이 며칠간 서로를 의지하며 인도의 열악한 관광 환경과 싸우면서 강한 동지애를 키워오지 않았던가!

그러니까 그가 나를 오해하지 않도록, 한국의 정서를 이해할 수 있도록 열심히 설명해야했지만...

솔직히 이스라엘인을 상대로 유교 문화를 설명하기에는 내 영어 실력에 많은 부담이 있었다.

그리고 그날은 너무 많이 돌아다녔고 정말로 피곤한 날이었다.

잠시 망설이다가 그냥 뻥을 쳤다.

"한국 여자들은 결혼 전에 애인 못 만들어. 그런 짓 했다간 우리 아버지가 다리몽둥이를 부러뜨려 버릴걸?"

"왜 다리를 부러뜨리는데?"

"그럼 다시는 밖으로 나갈 수 없을 테니까."

그리고 며칠 후.

기차는 밤늦은 시간에 마을에 도착했다. 우리는 또다시 몇 개의 호텔을 돌아다녀야 했다. 가는 곳마다 방이 없다고 호텔 입구부터 내쫓긴다.

어느덧 자정이 다 되어 가는 시간.

오랜 흥정 끝에 결국 침대가 두 개 있는 트윈룸을 잡기로 했다.

며칠간의 여행으로 순수한 친구가 되어있었기에 남녀가 한 방이라는 유치한 걱정은 들지 않았다.

짐을 풀고, 찬물로 대충 씻고… 나는 긴 트레이닝 바지를 입은 채 침대에 누워 종아리를 긁적거렸다.

그리고 그는 세계적으로 관찰력 뛰어나기로 유명한 민족 이스라엘인…

갑자기 침대에서 벌떡 일어나더니 내 트레이닝 바지를 발목에서부터 확~! 걷어 올렸다.

무릎에 있는 멍들과 오래된 상처자국들… !

"이건 어디서 생긴 상처들이지?"

"그냥 이곳저곳 돌아다니다가 부딪쳤어."

하지만 그의 눈빛은 이미 분노로 번득이고 있었다.

모든 상처에 대한 출처를 육.하.원.칙.에 따라 묻기 시작하는데,

그거 기억할 머리면 정말로 열여섯 살 천재소녀로 대학 갔겠다.

아무리 "Nothing!" (아무것도 아니야!) 이라고 대답해도 안 믿는 눈치다. 내 가족 관계를 집요하게 묻더니 오빠에게 주목하기 시작했다.

그러고 보니 처음 만났을 때 무슬림 여자 이야기를 했던 것이 생각났다.

그러니까… 이 녀석 기준에서는 결혼 전에 애인 못 만든다는 한국 여자와 집안 남자들에게 매를 맞고 산다는 무슬림 여자의 삶이 같은 거로군. 아니면 다리몽둥이 부러뜨린다는 말을 심각하게 받아들인 걸까?

아무튼 다시 생각해 보니 어렸을 때 오빠에게 많이 맞고 자랐다.

피곤하기도 해서 그냥 한국 가정에서 매 맞는 여자가 되기로 했다. 오빠가 만날 때리는데 아빠랑 엄마는 알면서도 도와주지 않는다고 했다.

지금 와서 생각해 보면 너무나도 당연한 이야기지만...

그런 무책임한 대답으로 편히 잘 수 있으리라 생각했던 것은 나의 계산착오이자 민족문화 망신이었음을 부인할 수 없다.

... 나는 그날 밤 밤새 그의 설교를 들어야만 했다. 인도 장사꾼들에게 수없이 들었던, 세상 누구도 혼자 살 수 없다는 철학을 시작으로 그는 내 인생에서 진정한 친구가 되고 싶어 했다.

그는 나의 모든 아픔을 들어주고 싶어 했고, 어떻게 하면 최악의 상황에서 벗어날 수 있는지 수많은 가상현실을 제시해 주었다.

(그리고 그가 왜 그리 많은 가상현실을 알고 있었는지는 아직까지도 미스터리이다.)

그리고 그 다음날부터...

그는 피곤한 상태에서도 나의 무거운 배낭을 모두 들어주었다.

길에서는 아이스크림을 사 주었고, 열여섯 살 천재 소녀하고도 반반씩 나누었던 오토릭샤와 방값, 음식값은 모두 그의 부담이 되어 버렸다.

어제까지 동행자였던 친구는 하루 종일 나를 동정어린 눈빛으로 지켜보았으며, 함께 여행을 하는 동안 매 맞고 가난한 한국 여인에 대한 동정은 애정으로, 애정은 사랑으로, 그리고 오쇼의 아쉬람(명상센터)에서 헤어져야 했던 그때, 그의 가슴은 찢어질 듯한 플라토닉 사랑으로 가득 차 있었다.

그리고 마지막으로 자신이 먼저 떠나면서도 남아 있는 나를 위해 방값을 깎고 버스 회사에 예약 할인을 받아 놓는 놀라운 의리를 보여 주었다.

할인을 받아내기 위해 나 몰래 얼마나 난리를 쳤던 건지. 내가 떠나는 날 처음 만난 버스 회사 사장은 내내 똥 씹은 표정이었던 것으로 기억한다. 대단한 놈…

한국에 돌아온 후에도 몇 년 동안 우리는 서로의 안부를 묻는 이메일을 주고받았던 것으로 기억한다. 그리고 지금이라도 이런 진실을 알게 된다면, 이번에는 오빠가 아닌 이스라엘 남자에게 매 맞게 되지 않을까 싶다.

하지만 조금만 더 솔직한 얘기를 하자면,
사실은 나도 그의 넘쳐나는 눈빛에 두근거렸고
헤어지는 순간에는 많이 슬펐던 것 같다.
한국에 돌아온 후에도 그가 무척 그리웠으니까.

그리고 수년이 지난 지금…

외국에서 누군가의 사랑이야기를 들을 때면 그와의 오래된 추억이 떠오르곤 한다.

그리고 나와는 반대로 유학을 갔다가 낙태를 선택하고 돌아온 친구의 이야기가 생각날 때도 있다.

그녀는 누구보다도 진지하고 예쁜 사랑을 했었다. 부잣집에서 귀하게 자라 외국 명문대에 진학한 후 멋진 남자와 깊은 사랑까지 하고 있는 친구가 나는 항상 부러웠었다. 하지만 외국에서 함부로 놀았다는 곱지 않을 시선 때문에, 한국에 돌아와서도 아프다는 말조차 하지 못하고 울음을 삼켜야 했던 사랑이었다.

낙태를 하던 날 친구는 내게 전화를 했다. 그리고 친구의 전화기를 낚아챈 남자친구는 그녀를 설득해 달라고 울음 섞인 목소리로 내게 부탁을 했다. 한 번도 만난 적이 없었지만, 몇 번의 통화와 친구의 이야기를 통해서 나는 그가 어떤 사람인지 알고 있었다. 아직은 미래가 불완전한 학생이었지만, 마음만큼은 한 집안의 가장이 될 준비가 되어 있는 한 사람의 남자였었다.

나는 친구에게 왜 결혼을 하지 않았는지 묻지 않았다. 외국에서의 결혼과 출산은 한국에서 자란 우리에게 있어 일종의 모험 같은 것이기 때문이었다.

친구는 가족들의 실망이 두렵다고 했다. 그리고 학교조차 졸업하지 못한 이 시점에서 결혼과 출산은 너무도 무섭다고 했다. 하지만 어디 이유가 그것뿐이었을까. 설사 용기를 내어 결혼을 하고 아이를 낳았다 한들 사랑에 실패하면 이혼해 버리는 서양의 문화도 많은 부담이 됐을 것이다.

유학의 외로움을 혼자 견디지도 못했지만 그렇다고 해서 사랑에 모든 것을 던지고 미래를 감당할 자신도 없는, 친구에겐 불안하고도 아프기만 했던 사람이 있었다.

나는 친구가 진심을 다해 사랑을 했다는 것을 알고 있다. 그리고 누구보다 많이 아파했다는 것도 알고 있다.

한국에 돌아와서조차 가족들에게 들킬까 혼자서 울음을 삼켜야 했던 밤이 얼마나 길었을까. 한국에 돌아와 식당에서 밥을 먹다가 결국은 오열을 터뜨렸던 그날을 나는 아직도 기억하고 있다.

… 친구는 아직도 아기의 초음파 사진을 간직하고 있을까?

그녀는 다시 새로운 사랑을 꿈꾸고 있을까?

얼마나 많은 우리들이 방황을 하며 세상을 살아가고 있는가.

나는 후배들의 사랑을 응원하면서도 마음 한구석에서 떠오르는 걱정스러운 감정을 어찌하지 못할 때가 있다.

외국에서의 사랑이란,

다른 문화에서 엮어가는 사랑이란…

힘껏 용기를 내지 않으면 상처만이 남게 된다는 무의식의 걱정들과 함께 말이다.

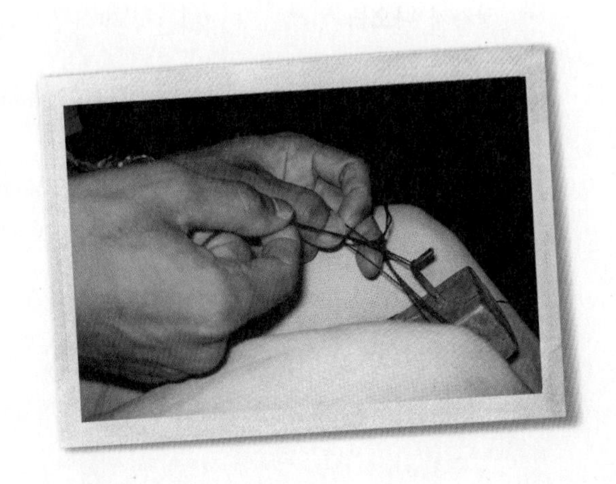

여행을 하는 것은 미친 짓이다

처음에 사하라 사막으로 떠난다고 했을 때, 사람들이 내게 물었다.

왜 하필 사하라 사막인지를.

그들은 내가 떠나는 이유에 대해 많은 상상을 했다.

어린왕자가 나오는 동화 속 이야기, 아프리카의 고대 도시 말리, 영화 잉글리시 페이션트의 사하라…

사람들은 내 학점을 걱정했다. 하지만 나는 이미 공부로는 내 꿈을 이룰 수 없다는 걸 알고 있었다. 사람들은 내 미래도 걱정했다. 하지만 나는 졸업 후 얻게 될 좋은 직장에는 흥미가 가지 않았다. 그리고 그런 것보다는 나이가 들어서도 사랑받을 수 있는 - 누구보다도 멋진 미소와 - 인생의 지혜가 갖고 싶었다.

그래서 나는 서른 살까지만 내 마음대로 살아보겠다고 생각했었다. 그리고 그 대신 나 다운 삶을 찾아보고 싶다고 생각했었다. 그것이 현실적으로 어떤 이력에 도움이 된다든지 내 삶의 전환점이 되는 것은 아니었다. 야학지 편집장이라는 경력으로 글을 쓰고 약간의 원고료를 받은 적도 있었지만, 아직 대학생인 내가 사하라 사막에서 어린왕자 이야기를 써 본다 한들 만족할 만한 원고료가 생길 리도 없었다.

사람들이 말하는 사하라 사막은 너무나 위험한 곳이었다. 지난 일 년 동안 모아 두었던 아르바이트비를 통째로 털어 보았지만, 목숨 값으로는 턱없이 부족할 것만 같았다. 하지만 사하라 사막이란 걱정만 하다가는 갈 수 없는 곳이었다. 그런 것은 중요하지 않았다. 정말 필요한 것은 새로운 세상과 마주 할 수 있는 용기, 그리고 정말로 떠나 보지 않은 자의 잔소리는 필요 없다는 - 그런 진부하고도 발칙한 이유들이 필요했었다.

사막을 건너기 전에 너무 많이 긴장하고 있었는지도 모른다.

토고와 베넹에서 만난 사람들은 내가 테네레 사막[*주: 어린왕자의 배경이 되었던 사하라 중심에 있는 사막]을 건너 국경지대로 가게 되면 굶어죽은 시체들을 보게 될 거라고 했다. 국가라는 개념조차 모르고 있는 가난한 투아레그족 남자들을 조심하라고 했다. 차드와의 국경지대에서는 아직도 제노사이드(종족말살전쟁)이 계속되고 있다고 했다.

한국인으로서 반군지대를 지났던 어떤 남자는 자신이 검문소에 끌려가 군인들에게 강간당한 이야기를 아무렇지도 않게 들려주었다.

낮에는 더위가 무서워 밤을 기다리고 밤엔 추위가 무서워 낮을 기다리는 날들이었다고 한다. 먹을 것이라고는 후추에 염소고기, 땅콩

밖에 없고 사막을 건너는 것이 너무나 고되어 다른 건 아무것도 보이지 않았다고 했다. 사람들은 모두 내 계획에 반대했다. 그들이 말하는 사하라는 여자 혼자, 그것도 학교 방학을 이용한 빈약한 여행경비로는 도저히 건널 수 없는 위험한 곳이었다.

그러나 나는 테네레(사하라) 사막을 건너게 되었다. 아니 건넜다는 표현은 거짓인지 모르겠다. 사막의 끝에서 국경을 보았으나 결국 국경을 넘지 못하고 되돌아 왔으니까.

그들과 다른 사막을 건넜기 때문이었는지 몇 번의 여행에서 이미 사막에 익숙해져 있었기 때문인지도 모른다. 아니면 단지 몇 년의 차이로 전쟁이 끝나 버렸고 마을의 식량 사정과 교통수단이 조금 더 나아진 것인지도 모른다.

달리는 트럭 위에서 차가운 밤바람은 충분히 견딜 만했고, 4m나 되는 머리의 터번이 낮의 더위와 밤의 추위를 막아 주었으니까. 백인(한국인)이라는 이유와 암컷(여자)이라는 이유로 더 많은 정보와 보호를 받은 것도 사실이었다.

... 물자 운송차량은 4일을 달려 사막의 마을에 도착했다.

그리고 사막의 오아시스로 가는 그날 아침, 나는 잠시 들렀던 조그마한 마을에서 '투아'를 만났다.

'투아'는 부족 언어로 '아니다'라는 뜻이다. 나는 이 아이에게 이름조차 지어 주지 않은 속사정을 이해하지 못한 채 이 꼬마의 이름이 '투아'라는 것으로 잘못 이해했다.

처음 투아를 마주했던 그날 나는 마음이 불편했다. 이 아이는 백색증으로 보이는 지독한 피부병을 앓고 있었다. 예전에 빈민촌 아이들을 생각 없이 안았다가 팔과 목이 가려운 적이 있었기에 나는 아이들을 안을 때마다 조심하고 싶었다.

사람들은 투아를 안아도 괜찮다고 말했다. 그러나 정작 그들은 아이를 피하는 듯 보였다. 그리고 그 사실도 모르는 바보 투아는 그저 사람들이 좋아서 천진난만한 바보 웃음을 흘리며 따라다니고 있었다.

21세기 한국에서 교육을 받은 사람들은 비웃을지도 모르겠지만, 나는 사람의 운명이나 생체 에너지라는 것을 믿는 편이다. 그리고 그날 아침 내가 느끼기에는 투아에게는 죽음의 기운이 깃들어 있었다. 내가 잘못 부르는 아이의 이름이 말해 주듯이 그 아이의 생체 에너지가 꺼져 가고 있는 것이 아무것도 모르는 내게도 전해지고 있었다.

나는 투아의 집에 가보고 싶다고 했다. 마을 외곽의 수많은 빈 집 중에서 유일하게 사람의 기척이 느껴지는 곳이 투아의 집이라고 했다. 사막에서의 가난한 집들은 언제나 마을 외진 곳에 있었다. 사람들의 안내로 잠시 들려볼수는 있었지만 머물기엔 부담되는 곳이었다.

그리고 그날 오후, 목적한 오아시스의 마을 빌마에 들어서서 저녁식사를 하는 동안 나는 그들의 믿지 못할 이야기를 들을 수가 있었다.

지금으로부터 수십 년 전, 이곳에서 어느 여인이 딸을 낳고 이유 없는 병으로 죽었다고 한다. 그 마을 사람들이 으레 그러하듯이 가난한 투아레그족 남편은 딸이 열두 살이 되던 해에 딸을 자신보다 더 가난한 투부족 남자에게 팔기로(시집보내기로) 했다. 이 마을에서 보통 여덟 살이면 팔리는 것을 가난한 아버지의 살림을 하느라 열두 살이라는 늦은 나이에 시집을 가게 된 것이다.

낙타 상인들을 따라 아버지와 소녀는 사막을 건너 아가데즈라는 도시에 도착했다. 낙타 시장에는 약속했던 남자가 아직 나타나지 않았다. 며칠을 기다려야 할지 잘 모르는 상황이었다. 그래서 그들은 시장 어귀에서 며칠을 기다렸었나 보다.

그리고 무슨 일이 있었는지는 자세히 모르겠다. 내게 이것저것 이야기를 해 주며 떠들던 사람들이 드문드문 입을 다물기 시작했고, 그들의 이야기는 이 사람 저 사람의 입에서 조금씩 분산되고 있었다.

하지만 분명한 것은 그날 밤 소녀의 유년기가 산산히 부셔졌다는 것이다. 그리고 그 상대가 예정되어 있던 남편이 아니었다는 거다. 그리고 당초 나이든 남자에게 시집가기로 되어 있던 소녀의 운명이 그렇게 바뀌었을 때 - 비정상적인 아이가 태어남과 동시에 소녀 역시 에이즈에 감염되어 있었음이 판명되었을 때 - 나는 불행의 늪에서 자란 아이들이 무엇이 불행인지조차 모르고 살아가는데도, 운명의 신은 아이에게 더 지독한 시련을 주고자 절망의 절벽으로 집어던졌다는 생각이 들었다.

나는 기가 막혔다. 지금 투아의 나이는 여섯 살인데 성병에 걸려 있다는 것이다. 그 아이의 성병은 선천적인 것이 아니라 나중에 생겼다는 것이다. 물론 감염 경로는 많은 것을 의심할 수 있었다. 비위생적인 환경, 아무나 가져다주는 옷가지, 빨지 않는 수건, 마을 남자를 받아들여야 하는 엄마의 생계 수단, 거리에서 아무렇게나 방치되고 있는 이 아이의 삶...

문득 마음 한 구석에서는 내가 잘못 이해하고 있다는 의심이 들었다. 그래, 아마도 그럴 것이다. 내가 잘못 이해하고 있는 것이다. 이곳에서는 아무도 영어를 할 줄 몰랐다. 그들과 대화하는 내 불어나 아랍어, 아프리카어 실력은 기본 단어를 연결하는 수준이었다. 손짓 발짓, 몸동작을 연결하여 이어가는 대화가 이렇게 쉽게 이해될 수는 없었다.

어쩌면 투아가 혼혈일지 모른다는 누군가의 대답도 미심쩍었다. 아프리카 인구의 95%가 에이즈라는 데 어느 정신 나간 백인 놈이 열두 살도 안 된 어린아이를 상대로 그런 짓을 한다는 말인가. 게다가 사막의 도시에 있는 백인들이 몇 명이나 될 거라고 누가 그런 바로 들켜 버릴 간 큰 범죄를 저지른다는 말인가. 아무리 생각해도 너무 앞서가는 이야기였다. 내가 무언가 잘못이해하고 있을 것이다. 어쩌면 이들이 과장된 이야기로 나를 놀리고 있는 것인지도 모른다.

하지만 그 모든 이야기를 양보하더라도 변하지 않는 사실이 있었다. 투아는 혼혈이 아니면 백색증으로 의심되는 외모를 가지고 있었고, 정상아가 아니었으며 성병에 걸려 있지만 의사는 이것이 선천적인 것이 아니라고 말했다는 것, 소녀는 열세 살에 출산을 했다는 것, 그리고 출산 당시 소녀는 이미 에이즈에 감염되어 있었다는 것이다.

그리고 무엇보다 지금 이들이 말하고 있는 에이즈, 조혼, 결혼, 출산에 관한 이야기들은 이미 이곳에 오기 전 유럽 여행자에게 들었던 이야기 그대로였다.

…그날 내가 만난 소녀는 세상과 아버지를 원망하지도 않은 채 묵묵히 살아가고 있었다. 그리고 마을 남자들이 가져다주는 것으로 세 식구가 연명을 하면서도 소녀는 누워 있는 아버지를 돌보고 있었고, 나를 보고 수줍은 미소를 지으면서도 정작 자기 자식인 투아에게는 무심한 눈빛을 보내고 있었다.

낳아 준 엄마의 저 무심한 눈빛을 정말 투아가 모를까 싶기도 했지만 아마도 투아는 모를 거라고, 바보니까 모를 거라고 나는 그렇게 믿고 싶었다. 그리고 나를 보며 조금은 놀란 듯, 수줍은 듯, 당황스러운 미소를 지으며 집안으로 숨어 버렸던 소녀의 표정도 심장 어딘가에 박혀 내 가슴을 가득 채우고, 답답하게 만들고 있었다.

그러고 보면 소녀는 괜찮을 걸까? 그녀도 에이즈에 감염되었다 하지 않는가.

학교 방학은 거의 끝나가고 있었다.

수강신청 정정기간이 곧 시작될 것이다. 한국으로 돌아가는 가장 이상적인 방법은 차드와 수단을 거쳐 이집트로 올라가는 것이지만, 아직도 계속되는 전쟁 때문에 그쪽으로 가는 운송 편은 아무것도 없다고 했다.

전쟁을 피해 낙타를 타고 돌아가는 방법도 있었지만, 트럭을 타면 일주일이 걸릴 것을 낙타를 타면 두 달이 걸린다고 했었다.

또다시 아가데즈로 돌아가야 하는 것이 아쉬워서, 나는 이름도 없는 그 작은 마을에서 하루를 더 묵기로 정하였다. 이왕이면 투아의 집에서 머물고 싶었지만, 사람들이 꺼리는 것으로 보아 마을 남자들이 드나드는 그녀의 집에 내가 머무는 것이 실례가 되나 보다 생각했을 뿐이었다.

그리고 그날 저녁, 잠시 들렀던 그녀의 집에서 나는 투아의 상태가 이상하다는 것을 눈치 챘다. 아이의 눈빛이 풀렸는데, 왜 아이 엄마는 관심이 없는 걸까?

이곳에는 의사도, 약사도, 주술사도 없었다. 아무도 없으니까 그냥 아이를 안고 달래는 엄마라도 있어야 하는데 투아는 집안에도 들어오지 못하고 집 밖에서 실신하듯 그렇게 헛소리를 중얼거리며 누워 있었다.

나는 그들의 눈치를 보면서도 아이를 데려다가 집안에 눕혔다. 소녀는 증오스러운 눈빛으로 투아를 쳐다보았으나 나는 소녀의 눈빛을 외면했다. 아이는 열이 오르는 듯하더니 곧 잠들어 버렸다. 그리고 잠들어서도 우는 건지 헛소리인지 알 수 없는 소리가 가슴 골격에서부터 올라오고 있었다.

투아는 다음날 저녁에 죽었다. 그 아이가 왜 죽은 것인지 무슨 병으로 죽은 것인지, 나로서는 알 수 있는 방법이 없었다. 다만, 할아버지의 외면과 소녀의 한 맺힌 눈빛 속에 아이의 시체는 천 조각에 싸여 나갔다.

그날 밤…

아가데즈로 떠나는 트럭 위에서 바람은 어느 여인의 울음소리를 내 귀에 전해 주었다.

얼핏 듣기에는 바람이 흐느끼는 소리 같았다. 다음에는 작은 짐승이 으르렁거리는 소리인 줄 알았다. 하지만 이 소리는 조금씩 커지더니 결국은 절규에 가까운 울음소리가 되어 바람과 함께 사막에 울려 퍼지고 있었다. 가슴속에 꼭꼭 담아 둔 아픔과 상처가 제대로 터져 나오지도 못한 울음이 그대로 억눌린 채 흐느낌으로 모든 세포를 진동시키고 있었다.

... 아마도 모두 그 소리를 듣고 있었을 것이다.

하지만 사람들은 태연하게 떠날 준비를 하고 있었다.

누군가는 나에게 옷가지를 가져다주었다. 옷을 선물하는 것은 사막의 전통으로, 자신의 집에 방문한 여행자가 마음에 든다는 의미이다. 사람들은 나에게 옷을 주면서, 오히려 그 울음소리를 듣고 있는 나를 위로해 주려고 했던 건지도 모른다.

나도 알고 있었다. 이들이 눈물을 흘리지 않는 것은 가슴이 메말라서가 아니라, 아프리카에서는 죽음도 삶의 일부이기 때문이라는 것을.

부모가 죽어도, 연인이 죽어도 눈물을 흘리지 않는 삶과 함께 그들만의 풍습을 이어가고 있다는 것을.

그들도 알고 있었을 것이다. 다른 문화에서 온 내가 바람소리에 눈물을 흘리는 것은, 아직 삶과 이별에 익숙하지 않기 때문이라는 것을.

트럭 위에 올라 사람들 틈으로 스며드는 바람을 느끼면서, 나는 오랫동안 울음소리를 듣고 있었다.

그리고 그렇게 가버린 투아보다 소녀의 모습이 오랫동안 머릿속에서 떠나지 않았다.

소녀는 왜 세상을 미워하지 못하고, 자신의 아이를 미워했을까?

그리고 소녀는 왜 자신이 미워하는 투아에게 다가가는 나를 말리지 않았을까?

혹시라도 아픈 아이들을 앞다투어 데리고 왔던 마을 사람들처럼, 어쩌면 백인인 내가 투아의 병을 고쳐 줄 수 있다는, 마음속 깊은 곳에 그녀도 모르는 그런 희망이 있었던 것은 아닐까?

아니면 그냥 내 상상력이 만들어 낸 바람이었을 뿐일까?

세상에는 내가 해야 하는 일의 이면에, 그것보다 더 중요한 진실이 존재할 때가 있다. 하지만 우리는 종종 눈앞의 목표와 버거운 현실 때문에 그 진실을 놓쳐 버리기도 한다.

어린왕자의 이야기를 찾아 헤맸었던 나에게 소녀의 아픔이 외면되었던 것처럼.

그런 내가 소녀의 아픔을 안다고, 이해한다고 말할 수는 없을 것이다. 하지만 눈물이 흘러도 무엇을 써야 하는지 깨닫지 못했던 그 순간 속에서도, 자신이 무얼 증오해야 하는지 자신이 무얼 사랑하고 있는지 그것조차 허락되지 않은 소녀의 삶이 내게도 무겁게 가슴을 짓누르고 있었다.

저 바람이 전해 주는 울음소리 속에서…

사막을 건너는 길

저녁부터 고장 난 트럭은 한밤중이 돼서야 달리기 시작했다.

아름다운 밤하늘, 서늘한 밤바람…

사람들은 공기가 신선해졌다며 떠들기 시작했다.

모래밖에 없는데 신선한 공기라니?

내가 느끼기에는 공기 밀도도 낮고 산소도 부족하구만.

… 나는 이들이 말하는 행복의 의미를 이해하지 못할 때가 너무 많다.

트럭은 한참을 달렸다. 어느덧 잠이 들었는지 사람들 소리에 퍼뜩 잠이 깼다.

"아부체! 아부체!!"

아부체라고 소리 지르는 것을 보니 급한 일이 생긴 것도 같은데? 설마 운전기사가 알라신에게 기도하는 시간이라도 잊어버린 것은 아니겠지?

그러나 분위기가 심상치 않았다.

트럭은 희미한 헤드라이트를 켰지만 이미 내린 사람들이 차 옆 부분으로 달려 왔다. 누군가가 다급한 목소리로 손전등을 빌려 달라고 했다. 손전등을 건네고 사람들이 몰려 있는 먼곳을 바라보니 누군가가 누워 있는 것이 보인다. 사람들은 트럭 옆에서 커다란 물통을 꺼내 그의 가슴에 물을 거칠게 쏟아붓는다. 그의 목은 어깨 쪽으로 처져 있었고, 축 처진 몸은 일어나지 않을 듯이 보였다.

나는 그때서야 무슨 일이 일어났는지를 깨달았다.

누군가 졸다가 트럭에서 떨어진 것이다.

사막여행...

한낮의 뜨거운 태양 아래에서는 모든 것이 쉬어야 했다.

백인(한국인)이라는 특권으로 약간의 그늘이 생기는 트럭 아래로 들어갈 때도 있었지만, 대부분의 사람들은 두꺼운 천 하나를 온몸에 덮어 쓴 채 잠을 잤다.

게다가 트럭은 몇 번이나 고장이 나서 가다가 쉬고를 반복했으니 이번에는 정말로 피곤한 여행이었다.

시간이 지나도 쓰러진 사람은 깨어날 생각을 안 한다.

사람들은 비명에 가까운 소리를 질러 대며 거칠게 심장에 물을 쏟아붓는다. 몇몇 사람들은 정신없이 알라신에게 기도를 하고 있었다.

옆의 사람에게 물어보니 트럭에서 떨어지는 일은 자주 일어나지는 않는다고 했다.

자주 일어나지 않는다는 것은 가끔 일어난다는 말인가?

사람들이 죽기도 하냐고 물어보니까 가능하다고 대답한다.

말을 아끼는 건지 불어가 서툰 건지...

그 와중에서도 깊게 잠들어 버린 꼬마 녀석.

꼬마의 코고는 소리에 대화는 다시 침묵 속에 잠겨 버렸다.

대부분의 사람이 이미 트럭 아래로 내려갔다. 그러나 나는 내려갈 엄두가 나지 않았다. 그냥 밤하늘만 바라볼 뿐이다.

...사막의 도시에서 트럭을 타고 달린 지는 이틀째였다.

그러나 잦은 고장으로 3일이 걸린다는 사막 여행은 이미 4일로 접어들고 있었다.

나는 그가 죽으면 어찌되는 것인지에 대하여 생각해 보았다.

사막 한가운데에 시체를 두고 갈리는 없고...

돌아가든지 나아가든지 우리는 저 시체를 끌고 이틀을 더 가야만 한다.

그의 죽음을 슬퍼할 가족이 있다든지, 이것이 열악한 아프리카의 현실이라든지 이런 인류애 적이거나 사회적인 생각이 내 머릿속에서 사라진 지는 오래였다.

그냥 시체와 함께 달려야 할 여행이 끔찍하기만 할 뿐이다.

미셸 플렌(Michael Palen)의 '사하라'...

사하라엔 어느 사막과도 달리 찬란하게 지는 노을과 석양, 아름다운 오아시스 마을 따윈 없다고 했었지.

하지만 나는 사하라의 한 가운데서 오아시스 마을을 찾아냈다.

그리고 그와 동시에 열악한 사하라 사막에서는 사막의 낭만도 어린 왕자의 꿈도 없다는 것도 깨달아야만 했다.

나는 그냥 오랫동안 사막의 별을 바라보고 있었다.

알 수 없는 눈물이 눈가를 타고 귓가를 적셨지만,

...그대로 눈을 감아 버렸다.

한참의 시간이 흐른 후 다시 운전석의 문이 열렸다.

사람들은 웅성거렸고 다시 사막 위에 천을 깔기 시작했다. 몇몇 사람들은 잠잘 준비를 했고 몇몇 사람들은 요리를 했다.

어찌 되었을까? 상황을 이해하는 데는 시간이 필요했다.

그는 죽지 않았다.

트럭 위로 올라 온 사람에게 물으니 다행히 떨어지면서 심장부터 부딪쳤다고 한다.

목부터 떨어졌으면 죽었을 것을.

그들은 알라신에게 감사하고 있었다. 손전등을 빌려 준 내게도 감사해 했다.

트럭이 밤새 달려야 한다는 사실은 모두 잊어버렸다.

간단한 식사를 하고 모두가 아침이 올 때까지 잠을 잤다.

트럭에서 떨어진 사람은 다음날 운전사 옆자리에서 사막을 달렸다. 그리고 그가 기운을 되찾은 저녁부터는 트럭 지붕에서 가장 안전한 나의 특등석을 내주어야 했다.

3일을 예정했던 트럭 길은 다시 5일이 되었다.

다음 날은 한쪽 바퀴가 사막 모래에 빠져 한나절을 소비했기 때문이다.

그래도 6일을 아슬아슬하게 넘기지 않았던 것은 물과 음식이 떨어져 밤새 헤드라이트도 켜지 않고 별빛에 의지해 달린 탓이다.

한국에서는 언제나 어린 왕자를 꿈꾸게 만들었던 그곳,
사하라 사막...
누군가 내게 추억을 묻는다면 나는 대답해야 할 것이다.
그곳은 아름답지 않았다. 아프기만 했었다.
어린왕자를 꿈꾸었던 내 환상은 바보스러운 것이었다.
하지만 외면할 수 있을지언정
어쩌면 처음 꿈꾸었던 여행보다 더 큰 의미의 진실이었을 것이다.
내가 알고 있는 것보다 더 참담했었고,
내가 상상했던 것보다 더 큰 아픔이 있었다.
조금만 발길을 돌려도 눈앞에 시체가 즐비했었던 그곳.
어느 밤인가에는 어느 여인의 한 맺힌 절규가 들려오던 그곳.
내가 태어난 땅에 감사하고
그 땅을 만들어 준 부모님 세대에 대한 감사를 배우면서도
내 안에 살고 있던 나 자신과
세상을 보는 눈이 통째로 변해 버렸던 그 사막 여행.

그래도 그날은 슬픈 위로가 있었다.
적어도 그날은 그곳에서 살아 있는 사람들과 함께 달렸으니까.

에이즈 이야기

아프리카의 어느 마을.

마을을 구경하고 싶어서 무작정 길을 나섰다.

아니나 다를까… 물건을 팔려는 장사꾼부터 구걸을 하겠다는 아이들까지. 오늘도 시끄럽고 위험한 하루가 시작된다.

그런데 어디선가 기특한 조폭 얼굴이 나타났다. 보디가드처럼 내 옆에 붙어서 주변사람들을 이리저리 막아내더니 나란히 걸으며 자기소개를 했다.

그는 미국에서 대학교를 다녔다고 했다. 몇 년 전 아버지가 아파서 학업을 중단하고 집으로 돌아왔는데 지금은 탄자니아에서 개인 사업을 하고 있다고 했다. 아프리카에서는 대대로 알아주는 부자 집안이라고 했다. 첫눈에 반했다며 함께 잔지바르 섬에 놀러가잔다.

'역시나 똑같은 녀석이로군.'

나는 피식 웃어 버렸다.

하지만 이 정도 수작꾼이 따라오는 것이 시끄러운 호객꾼보다는 나을 것도 같았다. 그래서 만약 끝까지 따라온다면 저녁에는 밥이라도 먹으면서 친구라도 되볼까 하는 생각으로 못들은 척 대답 없이 걷기만 했다.

그는 자꾸만 내게 잔지바르 여행을 권한다. 비행기 값도 숙박료도 모두 자기가 부담하겠다고 한다.

보나마나 뻔한 이야기. 이래놓고 막상 계산할 때가 되면 지갑을 놓고 왔다는 둥 하면서 돈이나 뜯어내려는 수작이겠지? 이런 거짓말에 속을 바보가 있을까도 싶었지만 그 전에 이 녀석은 거울도 안 보나 하는 의심이 들었다. 아무리 남자의 터프함을 매력으로 치는 아프리카라지만 험하게 생긴 것도 저 정도면 얼굴만 가지고도 범죄 수준이다.

... 얜 아무래도 콘셉트를 잘못 잡았다.

내가 상가 이곳저곳을 기웃거리며 마을을 구경하는 동안 그는 나름대로의 인생 철학을 늘어놓았다.

"그럼, 아름다운 아가씨. 언제쯤 잔지바르로 떠나는 것이 좋을까요?"

나는 피식 웃었다.

"안 가요."

헉~!!! 순간적으로 그의 표정에서 당혹감과 분노가 나타났다. 내가 무안을 준 건가?

"호텔로 돌아가야겠어요. 우리 저쪽에서 왔었죠?"

"과연 꼬마 혼자서 길을 찾을 수 있을까요?"

내가 왔던 길을 뒤돌아섰다. 시계를 보니 떠나온 지는 대략 두 시간.

이것저것 구경하며 천천히 걸었다곤 하지만 처음 온 동네에서 좀 멀리 나온 것은 분명하였다.

지나가는 사람에게 길을 묻는데 자꾸 그가 나타나 자기가 길을 안다며 사람들을 물리친다. 길에서 택시를 잡으려는 순간 그는 잽싸게 택시 안에 들어가 내가 머무는 호텔에 가자고 운전기사에게 명령을 한다. 거리에서 내 팔을 붙잡고 같이 잔지바르에 가자고 울음 섞인 목소리로 애원을 하는데...

조폭 얼굴에 애교는 정말 무섭다.

저 멀리 상가 건물들이 보이고 경찰이 보였다.

"경찰 아저씨~!!!"

내가 경찰에게 달려가자 그는 더 이상 따라오지는 못하고 난감한 미소를 지으며 보고만 있다.

"길을 잃었어요."

경찰은 호텔 주소를 보더니 가깝다며 친절하게 지도까지 그려 줬다.

"마담, 경찰인 제가 호텔까지 데려다 줄 테니 저녁을 사주시겠어요?"

"싫은데요."

"그럼 길을 그려 준 지도 값으로 콜라 한 병."

젠장할! 무슨 경찰이 부업으로 가이드까지 하나 싶어 인상 한번 써주고 매몰차게 돌아섰다.

길을 걸으니 조폭 얼굴의 사나이가 이번에는 가까이서 욕을 하기 시작했다.

... 나는 결코 귀하게 자란 여인네는 아니었다. 그리고 세계 이곳저곳

을 취재와 여행 다니며 많은 것을 경험했다 생각했었다. 하지만 내 평생 어느 뒷골목에서도 이런 욕을 들어 본 적은 없었다. 협박에 성적인 욕까지 곁들여서 이건 완전 19금의 욕들이 아닌가!!!

안 듣는 척, 대답 없이 호텔까지 왔지만 처음 듣는 욕들에 분통이 터지는 것은 어쩔 수가 없는 일. 호텔 로비에 앉아 친구 오마르를 기다렸지만 생각할수록 분하고 화가 나서 눈물이 흘렀다.

내가 이 호텔 여행사에서 킬리만자로 등산과 세렝게티[*다큐멘터리 '동물의 왕국' 촬영지가 되었던 아프리카 초원] 투어에 건 계약금은 우리 돈 100만 원. 아프리카 사람들은 평생을 벌어도 못 번다는 이 돈으로 이 호텔 손님들은 모두 VIP 대접을 받는다.

울음을 터뜨린 나를 보고 사람들은 호텔 사장을 불렀고, 바쁜 호텔 사장 대신에 여행사 사장 어거스가 달려왔다.

어거스는 내가 우는 이유를 물어 보았다. 자초지종을 듣더니 머리를 쓰다듬으며 달래 주었다. 그리고 보건증을 보여 주면서 자신은 에이즈에 걸리지 않았다고 부드러운 목소리로 설명한다. 동거녀와 석 달 된 아들이 있지만 여행사를 할 만큼 돈이 많으니 자신은 백인(한국인) 여자와 결혼할 자격이 있다고 열심히 설득하는데… 이건 또 무슨 소리야?

어거스가 나를 위해 콜라를 가지러 간 사이, 잘생긴 호텔 종업원도 조용히 보건증을 내려놓으며 오늘 밤 내 방으로 가도 되는지를 물어보았다.

모시의 뉴 캐스트 호텔에서 확인한 보건증은 모두 세 장.

이곳 사람들은 모두 내게 보건증을 보여 주기 위해 항상 눈치를 보고 있는 듯한 기분이 들었다.

며칠 후... 세렝게티 초원.

저녁 시간 야영지에 모인 각국의 여행자들은 자신들의 여행담을 이야기하고 있었다.

"어이, 한국인 이번엔 네 얘기 좀 해 봐. 여자 혼자 돌아다니기에 아프리카는 어떤 것 같아?"

"끔찍하지. 만나는 남자마다 자긴 에이즈에 걸리지 않았다면서 보건증을 들이대거든. 내가 길거리에서 양아치를 만났으면 욕도 안 해. 호텔 사장, 여행사 사장, 경찰, 종업원, 이런 사람들이 자기는 에이즈에 안 걸렸다면서 보건증을 보여 준다니까. 도대체 무슨 생각들을 하는 걸까? 모시에 있는 호텔에서는 이틀 동안 무려 세 장을 확인했어."

"이틀 사이에 보건증만 세 장을 들이대다니! 과연 아프리카 녀석들이로군!"

유럽에서 온 대학생이 박장대소를 하며 감탄하고 있는데, 3년째 아프리카 여행 중이라는 중국인 사진작가는 그것마저 비웃는다.

"속지 마. 그것도 분명 위조했을 걸? 아프리카 애들은 몽땅 에이즈 환자라니깐!"

4년간의 자원봉사를 마치고 여행 중이라는 미국인 할머니.

마을에 공급되는 콘돔 3만 개들이 한 상자가 5kg이라고. 노인이 한 번에 세 상자씩 들고 다니기엔 너무나 무거웠다고.

우리들의 아프리카 이야기는 끝이 없었고, 모닥불은 더욱더 크게 타오르고 있었다.

자정이 되어갈 무렵, 사람들이 하나 둘씩 텐트로 돌아갔을 때 장작을 정리하던 가이드는 혼잣말처럼 내게 말했다.

"이곳에서 외국인들을 상대로 하는 사업은 무조건 반년마다 보건증이 요구됩니다. 에이즈에 감염되지 않았다는 사실만으로도 우리는 선택받은 사람들이죠. 관광객들이 우리를 얼마나 혐오하는지 알고 있기에 생긴 규칙입니다.

꽤 오래전의 이야기입니다만, 우리 마을에서는 한 아가씨가 백인의 아이를 임신했습니다. 남자는 떠났지만 그녀는 임신했다는 사실을 자랑스러워했죠. 아이가 태어나면 아버지가 찾으러 올 것이라고 믿었을 겁니다.

하지만 태어난 아이는 충격적이었습니다. 백인처럼 하얗지만, 뭔가 끔찍한 병을 가지고 태어난 듯 보였습니다.

당시 우리는 알비뇨(백색증)에 대해 알지 못했습니다. 아이를 본 충격으로 엄마는 제정신이 아니었습니다. 사람들은 마을에서 전해지는 전설을 떠올렸고, 악마의 자식이 잉태되어 저주받은 아이가 태어났다고 생각했습니다. 부자 나라에서 오는 백인들에 대한 동경은 불안감으로 변해 버렸고 결국은 알 수 없는 분노로 변하고야 말았습니다. 어느 날 저녁 사람들은 그녀의 집으로 몰려갔죠.

하지만 그곳에는 이미 죽은 아이를 두고 공포에 질린 그녀가 있었습니다. 악마가 태어났다고 믿은 엄마가 아이를 돌로 때려죽인 겁니다. 그 참혹한 장면을, 그 참혹한 진실을 보고서도 사람들은 악마를 잉태했던 엄마를 용서하지 않았습니다. 결국 아이의 시체는 태워졌고 그녀 역시 죽임을 당했습니다.[2)]

… 이유는 알 수 없지만 이곳에서는 더 이상 건강한 아이들이 태어나지 않습니다. 그리고 아주 가끔, 몇 년에 한 번씩 혼혈아가 태어나곤 합니다. 그리고 에이즈나 백색증을 가지고 태어난 아이는 마을 외곽으로 쫓겨나 들어올 수 없게 되죠.

어찌 보면 에이즈에 감염되지 않았다는 사실만으로도 우리는 선택받은 사람들이지요. 하지만 보건증이 있다고 해도 나는 가끔 내가 어떠한 경로로든 에이즈에 감염되지 않았을까 걱정될 때가 있습니다. 그리고 가끔은 백인 나라의 누군가와 결혼해서 이곳을 떠나고 싶다고 생각하곤 합니다. 그것이 정말 가능한 일인지는 모르겠습니다만, 아마도 저뿐만이 아니라 이곳에서 살아가는 모든 사람들이 한번쯤은 꿈꿔봤던 이야기일 겁니다. ...어쩌면 이러한 생각조차도 이곳에서 일하는 우리들만 가질 수 있는 특권이지요.

하지만 그렇다고 해서 자존심을 모르는 것은 아닙니다. 에이즈는 우리에게 없었던 병입니다. 오히려 백인의 문란한 생활 때문에 동물들에게서 전염된 것이라고 들었습니다. 하지만 만약 그것이 사실이라면 그 병이 왜 백인들이 아닌 우리에게 퍼진 것인지 이해할 수 없습니다.

...차라리 알 수 없는 이유로 우리가 신의 노여움을 받아 이렇게 됐다고, 그렇게 생각하는 것이 맞는 건지도 모르겠습니다..."

...그는 우리들을 위해 늦은 밤까지 모닥불을 피우면서 아프리카를 향한 비웃음을 모두 들었을 것이다.

그 비웃음은 아프리카에 대한 상대적인 우월감일 수도 있고, 그들이 만났던 아프리카인 스스로가 초래한 사실일 수도 있었을 것이다. 그리고 말하는 이들의 의도가 어떻든지 간에, 통계에 근거한 이야기들이 오갔을 것이다.

그리고 그 부인할 수 없는 사실을, 매번 조용히 듣고만 있어야 했던 가이드의 마음은 어땠을까?

만약 관광객 중 한 명이라도 아프리카 사람이 있었더라면 그는 우리들의 대화를 불쾌하게 여기고 너희 인종은 얼마나 깨끗한 삶을 살고 있냐고 화를 냈을지도 모를 일이다. 아프리카 문화보다 더 썩은 윤리관으로 살고 있으면서, 더 나은 환경과 복지 혜택만으로 안전한 건 아닌지 물을 수도 있었을 것이다.

그리고 벗어날 수 없는 삶의 굴레에서, 신의 노여움을 산 그들이 생각해 낼 수 있는 마지막 희망을 그렇게 비웃지 말라고 화를 낼 수도 있었을 것이다.

하지만 그는 관광객들이 요구하지 않는 한 먼저 대화에 끼지 말라고 교육받은 가이드였다. 그래서 그는 더욱더 서운한 마음을 감춘 채 그렇게 혼잣말로 말을 걸듯 이야기를 했는지도 모른다.

마을 사람 몇 명이 나를 보고 성희롱을 했다고 해서 나는 그들의 아픔을 모두 묶어 조롱거리로 만들어 버리지 않았는가!

…나는 마음속에서 뜨거운 바람이 지나가는 것을 느낄 수가 있었다.

한국을 떠나오기 전, 나는 아프리카에 대한 사랑을 가득 안고 있었다. 그곳에는 가난하지만 문명과는 동떨어진, 아름답고 순수한 사람들이 살고 있을 거라 믿고 있었다.

하지만 아프리카에서 실상은 어땠는가. 자꾸만 나에게 성추행하는 남자들과 피부 밖으로 드러나는 질병에 대해서 서서히 혐오감이 생겨나고 있었다.

적어도 그들은 내가 꿈꾸었던 - 가난하지만 순수하고 깨끗한 - 그런 모습이 아니었다. 그리고 내가 기대하던 모습과 다른 모습에, 나도 모르는 사이에 혐오하는 마음이 커져 가고 있었던 것이다.

아프리카...

관광객들은 그곳을 사랑한다고 말했다.

사람들은 내가 그곳을 사랑하게 될 거라 말했다.

하지만 그곳에는 진실을 모르는 사람들과 그곳을 사랑할 수 있을 때까지 여행을 계속하는 사람들이 있었을 뿐이다.

나는 무엇이 보고 싶었던 걸까?

나는 무엇 때문에 여행을 계속했던 걸까?

아프리카 대륙에 살고 있다는 사실만으로 겪어야 하는 에이즈에 대한 두려움...

그들에 대한 나의 혐오가, 그들에게는 태어날 때부터 벗어날 수 없는 굴레였다는 사실이 - 어린 나 자신의 인격에 대한 의문과 함께 - 여행을 하는 내내 나를 한없이 방황하게 만들었다.

*주: 아프리카에는 지역이나 마을에 따라 다양한 문화가 공존하고 있으며, 중북부의 마사이 족처럼 여성할례가 일반화된 문화가 있는가 하면, 일처다부제, 다처다부제의 전통을 이어가는 마을도 많이 남아 있다. 특히 초경이 시작된 여자는 정기적으로 다양한 남자를 받아들여야 예쁘게 자란다는 속설도 있어, 이러한 문화적 속성이 전체 인구의 90%가 에이즈에 감염되는 데 일조하는 것으로 보인다.[3)]

하늘의 별보다 높은 수의 인플레이션

한국인의 눈에 가끔 아프리카 법은 속보일 때가 있다.

예를 들어 킬리만자로의 등산 법. 모든 등산객들은 가이드와 요리사, 두 명의 짐꾼이 있어야 입산 허가를 받을 수 있다.

가이드까지는 이해하겠는데 요리사가 요리를 해 주고 짐꾼이 짐을 들어 줘야지 등산을 할 수 있다니 그렇게 정상에 오른들 무슨 자랑이 되겠는가 싶었지만 남의 나라 법이 그렇다는데 어쩌겠는가–.

힘없고 돈 많은 내가 참을 수밖에.

이번에는 짐바브웨의 외환법이다.

모든 관광지에서 외국인들은 외국 돈만 쓰고 짐바브웨 돈은 쓸 수 없다는 법이 있다.

하지만 외국 돈이 부족해도 은행에서는 짐바브웨 돈으로만 찾을 수 있다. 여행자 수표를 가지고 수표에 명시된 외국돈을 찾거나 짐바브웨 돈을 가지고 다시 외국돈으로 바꾸는 것도 불법이었다.

미국 100$를 가지고 은행에서 바꾸면 97만 Z$(짐달러)

거리에서 바꾸면 200만 Z$[*짐바브웨 화폐단위]

어느 순진한 여행자가 짐바브웨 돈으로 받았다가 그나마 쓰지 못하면 고스란히 날려 버려야 하는 현실. 짐바브웨 정부는 이것을 환율 정책이라 말하지만, 여행자들 눈에는 환율 사기일 뿐이다.

그래서 나는 50달러만 은행에서 환전하고, 나머지 돈은 거리에서 환전을 했다.

길에서 만난 어린 환전상이 내게 물었다.

"다시 외국 돈이 필요하지요? 70만 짐달러를 주시면 미국 돈으로 100달러를 드리지요. 짐바브웨 돈은 얼마나 남아 있나요?"

"하지만 불과 열흘 전에 100달러를 주고 200만 짐달러를 받았는데요?"

"아시다시피 국가 공시는 믿을 수도 없고, 지금 짐바브웨 환율은 무섭게 변하고 있습니다."

"아무래도 미심쩍군요. 일단 생각해 보지요."

"어차피 다시 외국 돈으로 바꿔야 할 겁니다. 은행에서는 바꿀 수가 없고요. 국경을 넘는 순간 어느 나라에서도 짐바브웨 돈을 받아 주지는 않을 겁니다. 떠날 때는 저를 찾아오세요. 이 동네에서 가장 좋은 가격을 드리지요."

사실 나는 다시 환전할 생각이 없었다.

나는 외국 돈만 쓸 수 있다는 외국인 지역에서도 주머니 속에 1,000달러[약 120만 원]짜리 여행자 수표밖에 없다는 거짓말과 함께 은행에서 발행한 50달러짜리 환전증명서를 보여 주고 모든 것을 짐바브웨 돈으로만 결제하고 있었다. 그리고 남아 있는 돈으로는 마지막 날 헬리콥터를 타고 빅토리아 폭포를 둘러본 후 짐바브웨를 떠날 생각이었다.

짐바브웨의 사기 환율 덕분에 오히려 나는 처음 계획보다 훨씬 많은 것들을 즐기고도 여행 경비는 절반 이상 절약하고 있던 셈이었다.

하지만 그 순간 바보 악마가 속삭였다. 지금 남아 있는 돈을 환전하면 오히려 돈을 벌어가는 꼴이 되지 않겠냐고.

누군가를 속이는 일만 아니라면, 양심을 속이는 일이 아니라면 국가 경제가 흔들리는 짐바브웨에서 관광 상품을 즐기는 것보다 환전만으로 돈을 남길 수 있다는 사실이 훨씬 그럴듯한 세상 경험이 될 것 같았다.

나는 며칠 전 알게 된 친구네 집으로 찾아갔다.

거리의 수많은 친구들 중 그를 기억했던 것은 어린 누이의 눈동자 때문이었는지도 모른다. 그가 데리고 나왔던 어린 누이는 유독 슬픈 눈동자를 가지고 있었다. 아버지는 다른 도시에서 사고를 당하고 돌아와 오랫동안 병석에 누워 있었다.

친구는 꿈이 있다고 했다. 지금 살고 있는 움막집이 아닌 제대로 된 집에서 가족들과 사는 것이라 했다. 누이가 좀 더 자라면 아버지를 좀 더 편히 모실 수 있을 것이라 했다. 그래서 돈 많은 백인이 자신의 사정을 알고 불쌍하게 여겨 집을 사 주었으면 좋겠다고 했다.

나는 친구에게 일을 하라고 말했지만 친구가 취직할 곳이 없다는 사실을 서로가 너무 잘 알고 있었다.

그날 저녁. 나는 친구를 불러 환율을 확인하고 마을의 골목길에서 환전상과 돈을 주고받았다. 이곳 아이들은 조직 단위로 움직이지 않기 때문에 개인별로 쉽게 사기를 치지만 크게 위험하지는 않다는 것이 여행자들 사이에서 일반적으로 알려진 정보였다. 그래서 나는 별다른 걱정 없이 환전을 했고, 아프리카 친구들과 술을 마시며 내가 받은것이 위조지폐라면 경찰에게 갈 것이라고 했다.

순간, 친구의 눈빛에서 당혹감이 스친다.

'설마... 아니겠지?'

다음날 아침. 내가 머물고 있는 또 다른 친구네 집에서 내가 받은 것이 위조지폐라는 것을 알게 되었다.

어이없는 바보 자식...

생각해 보니 어젯밤 처음 만난 친구와 환전상은 거래 내용을 확인하는 척, 환율을 확인하는 척하며 새로운 계약을 맺었음이 분명했다. 환전상이 친구를 설득하는 듯한 말투와 거래 도중 얼핏얼핏 이해했던 스와힐리어[*아프리카에서 가장 널리 쓰이는 부족어]가 그가 통역한 내용과 달랐음을 이상하게 생각하면서도 간과했던 것이다.

나는 일단 그의 집으로 찾아갔다. 여전히 부모와 누이들이 함께 있길래 아무것도 모르는 척 위조지폐라고 말해 주었다. 환전상을 찾아내라고 했더니 놀라는 표정으로 모르는 사람이라고 대답한다.

사정을 들은 가족들은 모두 걱정스러운 표정으로 경찰서에 가지 말라고 했다. 은행에서 환전했던 돈보다 더 큰 짐바브웨 돈을 내놓았으니 내가 잡혀 갈 수 있다고 했다.

친구는 나에게 위조지폐를 달라고 했다. 자신이 다른 외국인에게 가서 돈을 바꿔 오겠다고 했다. 우리는 친구니까 괜찮다며 자기를 믿어 달란다.

사실 내 마음도 그리 편한 것만은 아니었다. 아픈 아버지를 위해, 배고픈 누이들을 위해 그와 가족에게 돈이 필요하다는 것을 알고 있었다.

하지만 나를 속인 것은 둘째치더라도 가난한 친구가 나 때문에 나쁜 친구를 사귀게 된 것 같아 씁쓸했다. 그리고 이번 일을 계기로 친구가 계속 사기 환전을 하게 둘 수도 없었다. 나는 그에게 환전상을 찾겠다고 못을 박았다.

친구는 할 수 없다는 듯 점심 때 마을에서 만나자고 했다.

그리고 약속했던 그 시간, 나는 그가 말한 약속 장소가 너무 넓다는 것을 깨달았다.

… 상황을 들은 상점 친구 중 하나가 경찰서에 가라고 충고했다.

거리 환전으로 4만 원도 안 되는 돈 때문에 남의 나라 경찰까지 동원할 생각은 없었는데, 문제는 이들에게 큰 돈이라는 점이다. 상점 친구들 사이에서 소문은 빠르게 퍼져나갔고 결국 친구들은 경찰을 불러 나 대신 신고하고야 말았다.

짐바브웨 경찰들은 친절하면서도 신속하게 움직였다.

거리의 경찰은 내 친구를 알고 있었고 상점 친구들은 환전상이 누구인지 알고 있었다. 경찰은 내 친구가 누구인지, 환전상의 집이 어디인지도 알고 있다고 먼저 말했다.

경찰은 이틀만 기다리면 환전상을 찾아오겠다고 말했다.

그 다음에는 일주일만 기다리라고 했다.

상점 친구들의 말로는 아직도 동네에 있다는데, 경찰은 친구와 환전상을 찾을 수 없다며 내가 언제 떠날 것인지, 또 언제 돌아올 것인지를 묻곤 하였다.

... 잡을 수 없을 거라는 생각이 들기 시작했다.

짐바브웨를 떠나야 하는 시간이 다가오고 있었다.

그리고 짐바브웨를 떠나는 날 아침.

나를 위해 혼신의 힘을 다해 일해 주었던 경찰은 국경까지 쫓아와 사랑고백을 하고 사라졌다.

그리고 그 후 거리에서 만난 여행자들은 경찰이 친구와 환전상을 찾지 않을 거라 말했다.

... 잘 모르겠다.

당시 짐바브웨에서 100달러 당 은행 환율은 97만 짐달러,

거리 환율은 200만 짐달러였고,

반년 후 짐바브웨에서 100달러 당 은행환율은 900만 짐달러까지 치솟아 올랐다.

또 그 후에는 100,000,000,000,000Z$(백조 짐바브웨 달러) 지폐를 발행함으로써 액면가로서는 세계 최고의 고액권을 기록했다가 불과 몇 달 후, 모든 지폐를 폐지하고 외화를 쓰겠다는 발표도 있었다.

살인적인 인플레이션과 환율 추락현상에 이번에는 거리 환전이 마비되었다는 게 현지 여행자들의 정보였다.

그리고 암시장의 가격은 지역마다 상당한 차이를 보이고 있는데, 이것은 짐바브웨 정부가 구 지폐를 폐기하려 하면서 나타난 현상이었다.

몇 년 전인가.

부산 해운대에서 밤새 폭죽을 팔았던 적이 있었다.

주인 아저씨의 호의로 잠시 포장마차에서 쉬고 있을 때 어느 아주머니께서 그런 말씀을 하셨다.

"사람은 누구나 자기 나름대로 똑똑하다고 생각하지요. 하지만 결국 사고가 나고 말아요. 그러니까 부디 몸조심하고 원리원칙을 지키세요. 사기를 당하고 친구에게 속더라도 마음만 잃지 않는다면, 여행이라는 것이 아가씨의 삶에 큰 밑거름이 될 겁니다."

... 서로를 속이는 것이 아니라면 거리 환전은 정당하다고 생각한다.

적어도 짐바브웨 정부보다는.

그리고 경찰이 정말로 나를 속인 것이 아니라면은,

친구가 처음부터 사기 칠 생각인 게 아니었다면,

우리 돈 4만 원에 마을을 떠나버린 내 친구의 삶이 안타깝게 느껴지는 것도 사실이다.

... 어쨌든 우리는 거리에서 아이스크림을 먹으며 즐거운 시간을 보냈던 친구들이 아니었던가.

*당시 짐바브웨의 독재자 무가베 대통령은 자신에게 필요한 돈을 무한대로 찍어 내고, 국내 경기가 침체하자 농장이나 사업체를 소유한 외국인들을 모두 추방하였다. 이러한 정책은 짐바브웨 내에서도 화폐 가치를 살인적으로 하락시켰으며, 결국 짐바브웨 소액권은 같은 크기의 휴지조각보다도 낮은 가격을 기록하게 되었다.

2008년 당시 공식 환전가 $300(45만 원)로 발행되었던 백조 짐바브웨 달러는 리디노미네이션[*Redenomination: 화폐를 가치의 변동 없이 낮은 숫자로 끌어내리는 것]으로 인해 17일 만에 발행이 중단되었다. 2015년 현재 짐바브웨에서 사용하는 공식화폐는 미국 달러이며 대통령은 여전히 무가베이다.

3년 사이에 단행된 3번의 화폐개혁을 통해 짐바브웨의 인플레이션은 천문학 숫자인 5×10^{21} (5,000,000,000,000,000,000,000)보다 높은 수의 숫자를 기록했다고 미국의《타임지》는 보도하였다.

아프리카 사람들이 보는 세계경제

거대한 사막의 도시 아가데즈.

길을 걸으며 이것저것 구경을 하고 있는데 꼬맹이가 와서 서툰 영어로 구걸을 한다.

"Madam? just 10,000CF! 10,000CF!" (마담? 2만 원만! 2만 원만!)

이것들... 또 시작이다. 아무리 외국인이 부자로 보인다지만.

"대체 어느 나라 돈이 '2만 원만!'이라는 거지?"

늘 겪는 일이라 더 이상 달라붙지 않도록 꼬맹이한테 한마디 툭 쏘아 줬더니 아이가 무안한 표정으로 가만히 서 있는다.

내가 좀 지나쳤나? 아니다, 아무리 내가 얘들보다 부자라지만 이들에게 외국인은 봉이 아니라는 것과 함께 외국에 대한 환상을 깨 줄 필요는 있다.

아프리카...

거대한 대륙이라 지역마다 생활 경제도 많이 다르지만, 아프리카 공무원들의 월급은 한 달 평균 2만 원부터 시작한다.

그런데 지나가는 꼬맹이가 '2만 원만!'이라니!

이것저것 구경을 하다가 상가에 들어섰다.

어디선가 혀 짧은 목소리가 들려온다.

"Excuse me?" (실례합니다?)

고개를 돌려보니 일곱 살 남짓으로 보이는 아이가 서툰 영어로 두 손을 내밀면서 엄청난 배불뚝이 백인을 바라보고 있다. 백인은 거만한 표정으로 아이를 잠시 내려 보더니 지갑에서 10,000CF[*세파프랑: 아프리카 화폐단위, 약 2만 원]를 꺼내 줬다.

그들을 지켜보고 있던 상인들은 그가 부자 손님이라는 것을 깨달았나 보다.

"정말로 친절하시군요! 감사합니다!"

내게는 영어를 못하는 척, 쳐다도 보지 않았던 가게 주인이 감동받은 목소리와 함께 서툰 영어로 아부하기 시작하자, 그는 사람 좋게 허허 웃으며 자기네 나라에서는 별 것 아닌 돈이라고 대답한다.

...진짜일까?

저 아저씨 어느 나라 사람인지는 모르겠으나 프랑스 식민지였던 이곳에서 달러를 쓰고, 영어를 쓰는 것으로 보아 미국인일지도 모른다는 생각이 든다.

내가 아는 미국이라는 나라가 정말로 지나가는 꼬맹이에게 2만 원을 그냥 주는 나라였던가?

다시 생각해 보니 백인들의 저런 행태는 몇 번 본 것 같다.

이런 것들이 여행자 개개인의 성격이라 생각한 사람들도 있겠지만 물건을 살 때 가격을 깎지 않거나, 팁을 주는 사람들의 소비문화라는 것도 무시 할 수 없는 것이 사실이다.

세계 어느 곳을 가든지 못사는 나라의 관광지에서 어느 나라가 가장 부자냐고 물어 보면 한결같이 -(팁문화가 살아 있는) 미국과 캐나다, 영국이라고 대답했었다.

전 세계 생산품의 절반을 소비하지만 저축은 하지 않는다는 미국.

이들의 무역수지 적자는 이미 8조 5,000억 달러를 넘어섰고, 세계적으로 달러의 실제 가치는 무섭게 하락하고 있다.

하지만 아시아 은행들은 무역 흑자만큼 미국 달러를 사들여 외환보유고에 쌓아 두고 있다. 미국 경제가 망하면 세계 경제가 망하기 때문이다.

만약 지금 아시아 국가들이 미국 달러를 팔게 되면 1달러의 실제 가치는 500원 이하로 떨어진다는데.

나는 미국이 상당한 도둑놈이라는 생각을 한다.

군사력과 정치력을 앞세워 자국의 돈 가치를 아직도 두 배 이상 올려 쓰고 있는 것은 사실이니까.

그런데 왜 세계인들은 미국 정부를 욕하면서도 미국인은 좋아하는 것일까? 신이 나서 이것저것 설명하는 가게 상인을 물끄러미 바라보다가 문득 깨달았다.

10,000CF의 가치...

나에게는 이틀 생활비인 2만 원이지만 이들에게 있어서는 한 달 치 월급이다. 만약 한국에서 미국인들이 가끔씩 나에게 100만 원을 던져준다면, 나도 미국이란 나라에게 충성심이 생기지 않을까?

설사 그들의 의도가 단순히 잘난 척이라도 말이다.

... 관광지에서 조차 세상의 중심이 미국이라는 나라로 돌아가고 있다는 생각이 든다.

*주: 현재 세계기축통화는 미국 달러로서 제3국 사이의 대부분의 거래는 미국 달러를 거치게 된다. 예를 들어, 우리가 외국을 여행할 때 주요 국가가 아닌 경우에는 한국에서 환전이 된다 하더라도 미국 달러로 들고 가는 것이 좀 더 이득이 될 수도 있는데, 어느 나라 화폐든지 미국 달러와의 환전 수수료가 가장 적게 붙는 데다가 국가 정책에 따라 미국 달러를 실제 가치보다 높게 사 주는 국가도 있기 때문이다. 만약 세계기축통화가 유로로 바뀌게 되면 미국은 막대한 차익효과를 놓치게 될 뿐만 아니라, 아직까지도 실제 가치보다는 높게 평가되고 있다는 달러의 신용도는 더더욱 떨어지게 될 것이다.

아프리카 시장에서 살 수 있는 것

아프리카 시장은 정말로 한가했다.

몇 개 안 되는 말라비틀어진 피망부터 주먹만한 토마토 그리고 쓰임새를 알 수 없는 나뭇가지와 고무 조각들까지...

어쨌든 이날 나는 새 팬티가 절실히 필요했다.

가방의 무게가 전생의 무게라는 인도 사상에 따라 팬티가 석 장밖에 없는데 길거리 공중 화장실에서 빤 속옷들은 제대로 마르지도 못한 채 가방 안에서 푹푹 썩고 있는 중이었다.

그러고 보니 누가 말했더라? 전 세계 폐품들이 모이는 곳이 아프리카라고. 세계 각국에서 버려진 속옷들이 아프리카로 오는 줄은 정말 몰랐다.

수북히 쌓여 있는 중고 팬티들의 가격은 우리 돈으로 500원.

락스로 소독했는지 특정 부위의 빛바랜 색깔과 구멍들이 귀하게 자란 한국 여인네의 심정을 난감하게 만드는 데는 충분한 듯싶었다.

정말로 이걸 입어야 하나 싶기는 한데, 그래도 속옷 없이 돌아다닌지 벌써 이틀째이다. 바지라곤 두 벌 뿐인데 이 살인 더위에 팬티 없이 돌아다니는 것은 더 이상 참을 수가 없었다.

보물찾기를 하는 심정으로 그나마 깨끗한 것을 찾고 있는데 아줌마는 고무줄이 탄탄하게 남아 있는 팬티 한 장을 눈앞에 들이댔다.

중요한 것은 아랫부분의 색깔이라고 설명하고 싶었지만, 백인(한국인)을 만난 그녀의 흥분된 목소리와 고무줄을 강조하는 바디랭귀지는 이미 내 어설픈 아프리카어 실력을 기선 제압하고 있었다.

'그러고 보니 중고 팬티가 정말로 한 장에 500원일까…?'

이 와중에도 시장 아주머니가 내게 바가지를 씌우고 있는 것은 아닌지 의심이 갔다. 하지만 이 상황에서 뭘 어쩌겠는가.

만약 바가지라면 아프리카의 신이 아시아인인 내게 바가지 요금을 내렸다고 믿는 수밖에.

호텔로 돌아와 팬티를 불빛에 비춰 보았다. 탄탄한 고무줄과 지름 1mm 정도의 구멍들. 그리고 아마 락스 후유증으로 의심되는 뻣뻣한 아랫부분의 재질을 바라보았다.

어느덧 뱃속에서는 밥을 달라고 아우성이다. 음식점이 문 닫기 전에 결단을 내려야만 했다.

나는 정말 오랫동안 팬티를 바라보았다. 그리고 결국 침대 밑 휴지통에 떨구어 버렸다. 새 팬티가 없다는 이유만으로... 아프리카가 너무 끔찍하게 느껴졌다.

... 나는 결국 마음 상해 버렸다.

아래층으로 내려가 호텔 식당에서 물 한 바가지를 얻어 왔다.

가방 속 빨래들을 꺼낸 다음 차례로 물에 헹구고 젖은 빨래들을 침대 맡에 널어 놓았다. 그리고 바람이 통하도록 방문을 열었다.

현금과 카메라만을 챙긴 채 외출했지만 식당들은 이미 문을 닫고 있었다. 어쩔 수 없이, 길거리에서 파는 스파게티를 봉지에 담아 방으로 돌아왔다.

... 내 팬티들이 모두 다 사라지고 없었다.

아니 정확히 말해서 양말과 브래지어까지 모두 없어졌지만,

휴지통에 버려진 한 장 만이 방긋방긋 웃으며 나를 반겼을 뿐...

나는 스파게티를 방 한구석에 던져 버렸다. 스프링이 망가진 침대 위에 누워 힘껏 기지개를 폈다.

그리고 뒹굴뒹굴~ 그대로 잠이 들어 버렸다.

... 극한의 상황에서 환각을 보여 주는 것이 인간의 뇌라 했던가?

구름 나라에서 나는 새 팬티를 입고 있었다.

그리고 참을 수 없는 더위가 엄습했고, 새 팬티가 중고 팬티로 변하는 순간 고맙게도 지배인 아저씨의 노크 소리에 잠이 깨어 버렸다.

"방문 닫고 주무세요. 마담."

며칠 후.

새 팬티를 살 수 있었던 곳은 버스에서 기차로 갈아탈 수 있는 어느 조그마한 도시에서였다.

관광지는 아니지만 여행자들이 갈아 탈 기차를 기다리며 하루 이틀 머무는 호텔이 있었다. 이곳 상점에서 천을 많이 아낀 듯, 가녀린 새 팬티 역시 우리 돈 500원.

'역시 바가지요금이었어.' 하는 생각도 들었지만 버스조차 가지 않는 촌동네까지의 운송비를 생각한다면 중고가가 정말로 500원이었을지는 알 수 없는 일이다.

그리고 한국에서의 오늘, 아프리카에서 사온 낡은 팬티들을 옷장에서 꺼내 보며 잠시 아프리카를 떠올렸다.

그날 내 속옷과 양말을 가져간 사람이 변태가 아니라, 순수한 밤손님이었기를 조용히 기도한다.

반년이 지난 지금 내 속옷들이 새 주인에게서 사랑받고 있기를.

새 주인의 생활경제에 조그마한 보탬이 되어 주기를.

그리고 아프리카에서 사온 이 허름한 팬티들...

이름을 써서 버리면 다시 아프리카에서 만나게 되지 않을까?

르완다에서 쓴 편지 1

범...

잘 지내고 있니? 벌써 방학의 절반이 지나고 있네. 말이 좋아 방학이지 지금쯤 엄청난 공부에 깔려 허덕이고 있을 네가 웬지 상상이 간다. ㅋㅋㅋㅋ~

우리의 변태 대마왕 현우 님도 요즘 밤새워 공부하고 있다고 소문이 자자하던데... 내 친구들이 공부한다는 소식에 먼 이국땅에서 한국의 취업난에 감사하는 중이야. (너 거기 돌 내려놔라? ㅋㅋㅋㅋ~)

모범생인 너희들이 공부하고 있는 이 순간, 문제아인 나는 지금 르완다에서 마지막 밤을 보내고 있는 중이지. 호텔 식당에서 이스라엘 사람들을 기다리고 있어. 그 사람들도 에티오피아까지 갈 예정이라 공항까지 차를 얻어타기로 했거든. ㅋㅋ~ 부럽지?

음... 그런데 사실 그렇게 즐거운 여행을 하고 있는 건 아니야. 지금 르완다를 떠나는 심정은 뭐라 표현하기가 어려운 것 같아. 뭔가 아쉽고 미련이 남는데 그것이 무엇인지 모르겠어.

지금 이 여행의 의미는 두고두고 생각하게 되겠지. 그리고 그것이 내 삶에 녹아 인생의 무언가가 되기를 바랄 뿐이다.

르완다에 온 첫날에는 모든 것이 무섭고 두려웠어. 가방을 메고 호텔을 찾아 걷고 있는데 거리에는 전쟁의 피해로 다친 사람이 넘쳐나더군.

그런데 걷다 보니 누군가 따라오고 있다는 생각이 드는 거야. 대낮에다 큰 도로이긴 했지만... 어쨌든 커다란 빌딩에서 일하는 아가씨가 나를 건물 안으로 다급하게 불렀어. 아가씨는 누군가가 따라오고 있다며 택시를 부르라고 했지만... ㅋㅋㅋㅋㅋ~ 솔직히 모르는 사람보다도 르완다의 택시비가 무서워서 말이지... (그리고 아프리카는 택시 강도가 진짜 많은 거 알아?) 그냥 빌딩에서 아가씨와 두어 시간 놀다가 빌딩사람들의 에스코트를 받으며 호텔을 찾아 갔었지.

이곳 사람들은 외국의 진짜 부자들은 르완다에 안 올 거라고 생각해. 하긴 여기 아프리카는 너무 위험해서 관광으로 올 곳이 못 되니까. 게다가 터무니없는 외국인 물가, 호텔비, 식비... 여행서에 나온 호텔들은 모두 없어졌거나 가격이 달라졌어.

대학생 배낭여행자 입장에서 모든 것이 정말 너무하다 싶더라. 차라리 유럽에 갔더라면 교과서에 나온 곳을 구경하면서 하면서 합리적인 가격으로 여행할 수 있었을 텐데. 여기서는 어디를 가든지 내가 직접 호텔을 짓고 자동차를 사서 돌아다니는 방법 밖에는 보이지가 않는다. 또 나름 목숨 보호 값이라는 게 있다고나 할까?

이곳에 온 첫날에는 정말 모든 것이 혼란스러웠어. 거리에는 전쟁 피해자들이 넘쳐나는데 사람들은 나보고 르완다가 평화롭다고 하는 거야. 아무것도 걱정 말라는 호텔 사람들의 말을 믿을 수가 없었지. 길에서는 가끔 백인들이 무장 가이드들과 돌아다니는 것도 보였거든.

길에서 만난 어느 여행자는 나를 보고 정말 조심해야 한다고 화가 난 표정으로 충고를 했어. 조금 무안한 마음에 거리의 경찰에게 가서 정말 많이 위험하냐고 물어봤는데... 오히려 어이없다는 표정을 짓는거야. 지금 르완다는 정말 평화롭다고. 심지어 밤새 술을 마시고 길거리에서 잠을 자도 안전하다고... 이럴 땐 정말 누구를 믿어야 하는 걸까?

어쨌든 호텔에서 가방을 풀고 조금이라도 더 싼 호텔이 있을까 싶어 돌아다녔는데 또 다시 누군가 따라오는 게 느껴더군. 그래서 이번에는 역으로 용기를 내어 말을 걸어 보았지.

하하... 그런데 이 아저씨, 강도가 아니라 그냥 동네 버스 운전사였어. 백인(한국인)을 보고 친구 하고 싶어서 계속 따라왔던 거래. 내가 강도라고 오해할 줄은 모르고 그냥 부끄러워서 말도 못 붙였던 거지.

음.. 이 아저씨는 정말 순진한 걸까 바보인 걸까? 아니면 내가 너무 긴장하고 있었던 걸까? 어쨌든 아저씨의 도움으로 숙박업을 하고 있는 동네 교회를 소개받을 수가 있었어.

교회에서는 혼자 쓰는 개인 방이 하룻밤에 2,000원.

정말 만족스러운 가격이긴 한데... 알고 보니 내가 외국인이라고 1,500원짜리 방을 수녀님이 바가지 씌우셨더군. 흥... 칫. (근데 교회라면서 왜 수녀님이 계시는거지???)

여행을 다니면서 느끼는 건데 여행자에게 가장 중요한 건 배낭의 무게가 아닐까 싶다. 인도에서는 배낭의 무게가 전생의 무게라는 농담도 있었는데, 솔직히 말해서 욕심의 무게인 거지. 일단 배낭이 무거우면

계획 없이 머물 수도 떠날 수도 없게 되거든. 그런데 르완다에서는 배낭 무게가 아니라 호텔비가 무서워서 떠나지를 못했으니…

수녀님은 저녁 7시를 통금으로 선포하셨고, 그래서 새벽부터 다른 도시를 갔다가 돌아오는 바보짓을 반복하고야 말았지. 지금 생각하면 정말 바보 같은 짓이었어. 설사 더 비싼 호텔비가 기다리고 있다고 한들 떠나기 전에는 모르는 거잖아? 인생을 살면서 저지르는 바보짓을 나는 아프리카까지 와서 또 저지르고야 말았지.

참… 그러고 보니 지금 이곳 르완다에는 개나 고양이, 원숭이가 없다고 한다.

어젯밤 이 호텔에 묵고 있는 이스라엘 할아버지한테 들은 이야기인데… 지금으로부터 수십 년 전, 종족전쟁이 일어났을 때의 이야기야. 마을끼리 전쟁이 일어났고 거리에 널부러진 시체들을 동물들이 뜯어 먹었대. 그리고 다른 사람들이 그 장면을 본거지. 생각해 봐. 내 친구와 가족을 개나 고양이가 뜯어 먹고 있는 장면을.

사람들은 분노와 충격에 휩싸여 닥치는 대로 동물들을 죽였고, 그러한 일들이 여러번 반복되었던 거지.

생각해 보니 나도 르완다에 있었던 지난 며칠간 개나 고양이, 원숭이를 본 기억이 없다.

르완다 내전… 600만 명의 인구 중에 100만 명 이상이 죽었다니 많이도 죽은 거지. 종족을 말살시키겠다는 두 부족의 싸움으로 많은 마을이 사라졌다고 하니, 이곳에서 어느 종족이냐고 묻는 건 예민한 질문인 것 같았어. 외모를 보고 어느 부족이냐고 물을 때마다 바보스러운 질문이라며 아무도 대답해 주지 않더군.

며칠 전에는 기콩고로라는 마을의 전쟁 박물관에도 다녀왔어.

높은 언덕 위에 많은 축사가 있었는데 그 안에는 수백 구의 시체가 있었고 사람들은 나보고 기부금을 달라고 했어. 높은 언덕이라 바람이 심하게 불고 있는데도 시체 썩지 말라고 뿌려진 약품 냄새와, 약품으로도 가려지지 않은 시체 냄새에 몇 번이나 토할 뻔했다.

팁을 바라는 동네 사람은 내 뒤를 따라 다니며 시체를 만져 보라는 둥, 시체를 안고 포즈를 취해보라는 둥 말이 많았었지만 죽은 사람을 이런 식으로 대한다는 것은... 인도 갠지스에서처럼 종교적인 느낌이나 삶의 철학조차 볼 수 없었던, 뭐라 표현하기 힘든 전쟁을 겪은 사람에 대한 또 다른 경험이었지.

나는 정말로 끔찍하고 무서워서 눈물이 날 것 같았어. 그리고 너무나도 화가 났었지. 너희는 죽은 사람을 이렇게 대하냐고, 아무리 하루하루 먹고살기 힘들어도 당신에게는 이 시체들이 그냥 돈벌이 수단일 뿐이냐고. 그리고 이들이 무슨 죄가 있어 이렇게 죽었어야 했는지, 지금 같은 마을에 살고 있는 당신에게 이런 대접을 받고 있어야 하는지, 정말 이것들을 이 사람에게 따지는 게 맞는지 의문이 들면서도 나는 치밀어 오는 감정을 어떻게 해야 할지 몰라 결국 울음을 터뜨리고 말았어.

...그 사람은 한동안 나를 바라봤어. 내가 울음을 그치기만을 기다리고 있었지. 그리고 내가 눈물을 그칠 즈음엔 그의 눈에도 눈물이 고여 있었어.

그는 당시 열세 살이었다고 했어. 옆 마을 사람들이 왔을 때 어머니가 아궁이 옆 쓰레기 더미에 숨겨줘 자신만이 살아남았다고 했어. 그날 하루 동안 6,000여 명의 마을 사람들이 학살당했다고 했지. 그리고 창고에 있는 수백 구의 시체 중에 어느 것이 자신의 부모와 동생인지 모른다고 했어.

너무 끔찍한 이야기를 변명하듯 늘어놓아서 거짓말이 아닐까 생각했었어. 당시 상황에 대해 물으니까 그는 숨어 있어서 사실 아무것도 모른다고 대답하더군. 그리고 지금도 서로가 왜 죽였는지를 모른 채, 당시 시대가 그랬다고만 이해하고 살아간다고 했었어. 그리고 그날을 잊지 않기 위해 시체들이 저리 방치되어 있지만, 솔직히 자기는 모든 것이 사라졌으면 좋겠다고 했었어.

동물 축사로 만들어진 전쟁박물관을 나와 버스 정류장으로 터벅터벅 걸어갔지만, 그렇게 죽어버린 사람들의 존재가 슬프게 느껴지면서 언젠가는 내 육체도 저리 변할 거라는 사실이 너무나 무섭게 느껴졌었지. 사람에게 죽음이 무서운 가장 큰 이유는 시체들이 고통스러운 모습으로 남아있기 때문인 건 아닐까?

르완다처럼 죽음이 끔찍하게 다가오는 나라가 또 있을까?

다른 마을에는 사람을 몰아넣고 산 채로 태워 죽인 교회가 있다고 들었는데, 더 이상의 시체를 견딜 수 없을 것 같아 그냥 키갈리로 돌아오고 말았어.

...호텔 식당에서 이렇게 편지를 쓰고 있으니까 사람의 마음이라는 게 참 단순하구나 싶구나. 키갈리에서 첫날은 사람들의 겉모습만 보고 무서웠었는데, 지금은 르완다 사람들에게 감동을 받고 떠나게 되었으니... ㅋㅋㅋㅋㅋ~.

사람이란 이런 존재일까? 죽음의 공포가 사라졌다는 생각만으로도 행복해하는 사람들. 내일은 굶지 않는다는 희망만으로도 모든 것에 관대해지는 사람들. 내가 백인(한국인)이라는 것만으로도 모든 것을 보답하고 싶어하는 사람들.

사실 여기 구호품 음식이 너무 맛있어서 사람들이 갖다 주는 음식을 잔뜩 먹게 돼. 나 여기서 벼룩의 간을 내어 먹고 있다는 사실을 부인할 수가 없다.

음... 어디선가 국제 거지라고 놀리는 너의 목소리가 들리는데? 왜 이래? 이래 봬도 여기 있는 전쟁고아들에게 운동화 사주라고 수녀님께 몰래 돈도 쥐여 드렸는데.

여기는 말이지. 구호품으로 들어와서 유통되는 물건은 정말로 값이 싸기도 하지만 이곳에서는 아무리 이기적인 사람이라도 한없이 슬픈 마음으로 세상을 사랑하고 베풀게 되는 것 같아.

...밤이 깊어가는 데 이스라엘 친구들이 늦는구먼. 이제 출발하지 않으면 비행기를 놓칠지도 모르는데.

여행을 다니면서 가끔 생각하는 거지만 회사 출장을 왔다는 사람들을 보면 상당히 멋있어 보여. 이 사람들은 마음대로 돌아다니지 못하니까 내가 부럽다는데, 어쨌든 내 눈에는 회사 지원으로 외국에 나와 열심히 일하고 있는 모습이 멋있어 보인다는 말이지. 한국에서 나 외국으로 보내준다는 회사 있으면 평생 충성할 텐데. 하하.. 물론 여행 관련 업종은 제외하고 말이다.

좋아하는 일을 직업으로 삼으면 결국 순수함이 없어지게 되는 것 같아. 아프리카가 위험한 것은 사실이지만 전혀 상관없는 위험들을 빌미로 돈이나 우려내는 모습을 보면 조금 씁쓸해지는 것도 사실이거든.

뭐... 정말로 정직하게 일하는 가이드들도 많이 있을 텐데, 내가 아직 못 만나 본 거겠지.

결국 직업이라는 게, 내가 앞으로 무엇을 하고 어떤 식으로 살아야 하는가에 대해 많은 생각을 하게 만드는 것 같아. 좋아하는 것과 잘하는 것, 그리고 내가 훌륭하다고 생각하는 일과 나를 훌륭하게 만들어 주는 일이 다른 것처럼 말이지.

예전에는 내가 좋아하는 일을 하며 돈을 많이 벌겠다고만 생각했는데, 이제는 자신을 속이지 않으며 살 수 있는 삶을 찾아야겠다는 생각이 든다. 물론 돈을 많이 버는 것도 너무나 중요한 일이지만...

여행이란 이런 걸까? 너무나 당연해 보였는데 새삼 내가 어디로 가고 있는지 다시 깨닫게 되는 작은 대답.

내가 어디로 가야 할지, 내 삶의 좌표축을 어디로 옮겨야 하는지 고민하게 만드는 작은 용기.

넌 어때? 네가 선택한 길에 후회는 없어? 지금은 공부에 치여서 아무 생각이 없을 때인가? 여기서 자원봉사를 하는 사람들을 보면 말이지, '좋은 나라에서 태어난 덕이다.' 라는 생각도 들지만, 한편으로는 '자신의 의미를 찾아온 사람들이구나'라는 생각도 하게 된다.

슬슬 떠날 때가 되어가는군. 이만 정리하고 일어나야겠다.

음... 호텔에서 만나기로 이스라엘 사람들과 약속했지만, 약속을 믿지 않는 것이 여행자의 습성. 사실 여행자들의 약속이라는 게, 어긋나면 서로 신경 쓰이니까 데드타임을 정해두고 그 시간이 지나면 약속이 소멸된다고 생각해야 하거든.

그래도 좀 이상하군. 유학생이나 직장인들은 약속을 잘 지키는 편인데... 좀 정리하고 있으면 나타나려나? 같은 비행기니까 공항에서 만날지도 모르겠군.

모두에게 안부 전해주고 한국에 돌아가는 날까지 건강해라. 하고 싶은 말이 너무 많다. 이번 겨울에는 아무리 바빠도 술 한잔 하는 거 잊지 말자.

르완다에서 쓴 편지 2

선생님께…

건강하신지요. 너무 오랜만에 드리는 인사여서 무얼 먼저 써야 할지를 잘 모르겠습니다. 저는 지금 아프리카에 와 있습니다. 밤마다 한국으로 돌아가는 꿈을 꾸게 만드는, 지긋지긋하면서도 끔찍한 곳이 이곳 아프리카입니다. 이제는 오히려 한국의 모든 것들이 꿈인 듯 가물가물하기만 합니다.

저는 지금 에티오피아를 떠나 토고로 가는 비행기에 있습니다. 르완다에서 선생님께 드리는 긴 편지를 썼는데 결국 보내지 못하고 다시 쓰게 됩니다.

저는 어제 르완다를 떠나기 전 공항에서 가슴 아픈 사실을 들었습니다. 그때 죽은 사람이 제가 모르는 사람이 아니라 제게 아주 특별했던 누군가였다는 사실을 말입니다.

저는 그 사람을 남아공에서 만났습니다. 탄자니아에서는 멀리서 보았고 케냐에서는 함께 식사를 했었지요. 그들은 영국의 언론사에서 일하는 기자들이었습니다.

그는 저를 보고 남아공의 위험한 도시에 왜 철없는 대학생이 와 있는지 의아해 하더군요. 조금 민망한 마음에 야학지 편집장이라는 병아리 경력을 내세웠을 뿐인데, 그 사람은 저를 아기 기자라고 불렀습니다.

빈민촌에 갈 때도 지프차의 빈자리에 태워주었고, 폭동 현장에서 우선적으로 저부터 안전한 자리에 숨겨 주었습니다.

우리는 르완다와 콩고의 국경지대에서 다시 만났습니다. 그들은 내전 중인 콩고로 향하는 길이었고, 저는 국경을 넘지 않고 키갈리로 돌아갈 생각이었습니다. 그날 저녁, 저는 그 사람들에게 르완다 이야기를 해 주었습니다. 정말 많은 것을 알려주고 싶었죠.

제가 본 르완다는 전쟁의 상처가 남아 있는 곳이었습니다. 그리고 제 눈으로 보았던 현실은 영화하고 달랐습니다. 한국에서 본 6.25 전쟁 자료에서는 팔다리가 없는 사람들뿐이었는데, 실제 그곳 사람들의 팔다리는 온전하게 잘려 나가지 않았습니다. 또 잘려 나간 곳은 피부가 하얗게 변하는 것이 그대로 보였고, 두개골이 1/3 정도 깨져 나가 머리가 움푹 들어간 사람, 한쪽 눈이 파헤쳐졌는데 상처를 가리지 않고 휑한 구멍을 내보인 채 돌아다니는 사람, 왼쪽에는 팔다리가 모두 없는 어린아이까지... 거리에서 마주치는 사람들은 무섭게만 느껴졌고 구호품으로 유통되는 물건들은 믿을 수 없이 쌌지만, 상점에서 파는 물건들은 한국보다 훨씬 비쌌지요.

그리고 제가 묵었던 교회에서도 누군가는 죽어가고 있었습니다. 하지만 그들은 참으로 강인한 사람들이었습니다. 저는 이해할 수 없었습니다. 그 열악한 환경에서 미소를 띠우며 죽어갔던 사람들을요, 최소한의 삶의 조건조차 갖추지 못한 그곳에서 어떻게 행복한 미소를 지으며 죽어 갈 수 있는지 정말로 알 수가 없었습니다.

그들은 콩고로 가는 중이었지만 제가 말하는 르완다에 무척이나 흥미를 가졌습니다. 돌아오는 길에는 르완다에 들려 취재를 해야겠다고 했었지요.

그리고 그날 밤, 콩고 인근 마을에 대한 새로운 정보를 들었습니다. 그 사람은 국경 열리는 시간에 맞춰 서둘러 출발을 했고, 그의 동료들은 후발대로 출발했습니다.

이틀 후 그들은 돌아왔습니다. 그리고 누군가가 죽었다는 소식을 들었습니다. 그때는 누가 죽었는지 몰랐습니다. 다만 그들의 뒷모습만 보았을 뿐입니다. 달려가서 무언가를 말하고 싶었지만, 그곳에는 제 자리가 없었습니다. 언제나 보호받기만 했었던 저는 진짜 기자가 아니었으니까요.

하지만 그때 그 장면이 그의 죽음이었다는 것을 안 지금, 저도 말하고 싶습니다. 지금 이 순간 누구보다도 아프다고요. 자꾸만 눈물이 흐르는 것을 멈출 수가 없다고 말입니다.

그날 새벽 출발하려던 그의 차가 잠시 멈췄던 것을 기억합니다. 저는 그 순간 그에게 달려가서 태워달라고 했어야 했던 걸까요? 아니면 그가 저에게 작별 인사를 할 시간을 줬던 걸까요?

인근 마을의 내전 상황을 듣고 서둘러 준비하는 그들이 저는 내심 부러웠습니다. 누구보다도 진지했고, 책상이 아닌 삶의 전선에서 일하는 사람들. 때론 외신이 왔다는 것만으로도 희망을 갖는 이곳 사람들의 삶을 알기에, 아무도 알아주지 않아도 정의를 외칠 수 있는 그들의 삶을 알기에, 제 눈에는 그들이 진실로 빛나 보였습니다.

하지만 그땐 그들이 떠난 뒤에도 한참 후에나 눈물이 흘렀었지요. 그리고 그 눈물은 아무것도 아니라고 생각했습니다. 살아가면서 아물게 되는 수많은 상처들처럼 말입니다. 하지만 그것이 그의 죽음이었다는 걸 안 지금, 저는 이제서야 알 것 같습니다. 심장 어딘가에 생긴 고통은 어쩌면 평생 아물지 않고 기억으로 남을 수도 있다는 사실을 말입니다.

한국에서는 항상 생각했었습니다. 머리도 나쁘고 마음도 좁은 제 자신이 싫었습니다. 제가 태어난 환경에 대해서도 생각했었습니다. 좀 더 행복한 환경에서 태어나 좀 더 나은 교육을 받을 수 있었다면 어땠을까... 하지만 이제는 알 것 같습니다. 제가 얼마나 행복한 환경에서 태어났는지를요, 그리고 태어난 것은 바꿀 수가 없지만 어떻게 살아갈 것이냐는 자신이 선택해야 하는 운명이라는 것도 말입니다. 제가 좀 더 큰 그릇의 사람이었다면 얼마나 좋았을까요? 제가 이 순간 좀 더 많은 것을 받아들일 수만 있다면 얼마나 좋을까요?

르완다를 떠나 에티오피아까지 가는 긴 비행 시간 동안 잠을 잤습니다. 꿈속에서 많은 사람들을 만났습니다. 그들은 모두 저를 미워하고 있었습니다. 내 소중했던 사람들인데 저를 미워했던 그들이 누구였는지 기억이 나지 않습니다. 분명 내가 사랑하는 사람들인데, 나를 미워하는 그들이 누구인지 도통 알 길이 없습니다. 그동안 저는 사람들에게 미움을 받으며 세상을 살아왔던 것일까요? 그래서 그들이 꿈속에서 저를 미워하고 따돌렸던 것일까요?

어쩌면 저는 깨어 있는 현실에서 더 많은 것들을 모른 채 살고 있는지도 모릅니다. 한국에 돌아가면 좀 더 긴 잠을 잘 수 있겠지요. 꿈에서 깨어나면 내가 누구인지 깨달을 수 있겠지요. 이 긴 악몽에서 깰 수 있다면, 어쩌면 좀 더 다른 사람이 될 수 있을지도 모릅니다.

... 선생님이 진심으로 뵙고 싶습니다. 한국에 돌아가면 찾아뵙겠습니다. 건강하세요. 이만 씁니다.[4)]

Part 2. 세상의 위험

원숭이도 나무에서 떨어질 때가 있다

대학을 졸업한 후, 드디어 날라리 기자가 되어 버린 한량 여인.

이제는 취재를 하든 여행을 하든 범죄와 정보 수집에 관해서는 천상천하 유아독존이라 뻥을 칠 만큼 위험지역에 대해서는 베테랑이 되어 있었다.

그래서 남미를 취재하고 여행하는 데 있어서 여행사나 가이드 따위는 필요 없었다. 구체적인 일정이나 현지 코디네이터도 필요 없었다. 대략적인 취재 주제와 장소만 정해졌다면 내 스스로 정보를 수집한 후 직접 가는 것이 우선이었다. 실제 위험 정보는 가이드북이나 인터넷에 떠도는 경험담보다도 현지에서 찾는 것이 더 정확했었다. 또 설사 준비가 미흡했다 하더라도 생각지도 못했던 상황에서는 기자라는 신분이 정보 수집에 많은 도움을 준 것도 사실이었다.

취재할 곳은 남미의 여러 곳이었다. 사창가, 시체 매매 암시장, 뒷골목 그리고 폭동지도 있었다. 물론 유명한 관광지 역시 취재지에 속했다. 사람들은 자신이 알고 있는 장소의 이야기들을 원했다. 그리고 취재 내용 중 광고에 관련된 배낭여행이라는 주제도 있었던 만큼 나에게는 취재 기간의 제약이 적은 편이었다.[5]

그래서 그때도 그랬다. 남미 지역을 취재하기도 전에 여행 다닐 여유부터 생겼지만, 관광지 투어를 하고 나서 그 나라를 여행했다고 말하고 싶지는 않았다. 그래서 나는 내 방식대로, 사람들에게 물어물어 콜롬비아의 한 작은 마을로 찾아갔다.

평화로운 농장과 친절하게 미소 짓는 사람들...

한 달만 살아도 모두가 모두를 알 수 있는 천여 명의 인구 수.

그러나 내가 찾아간 커피 농장에는 바이러스가 번식하고 있었다.

이스라엘 바이러스...

사람들은 이스라엘 여행자를 바이러스라고 불렀다. 군대 문화, 키부츠 문화를 벗어나지 못한 탓인지는 몰라도 여럿이 여행을 다니면서 정보를 공유하고 있었고, 한번 좋다고 소문난 장소에는 언제나 이스라엘 여행자들이 장악하고 있었기 때문이다.

오죽하면 콜롬비아 곳곳에서 '이스라엘'이라는 이름의 호텔이 성행하는가 하면, 반대로 몇몇 호텔에서는 이스라엘 사람들이 없다는 것을 선전하겠는가! 어디에 있든지 일단 모였다고만 하면 밤새 레게 음악을 틀어 놓고 술을 마시면서 히브리어(이스라엘어)로 떠들어 대는 녀석들이었기에, 이곳 콜롬비아에서 필요한 언어는 스페인어가 아니라 히브리어라고 나는 투덜대곤 했었다.

"Korean baby! Where are you going?" (꼬마! 어딜 가는 거야?)

커피 농장의 일꾼 지브 역시 콜롬비아 출신의 이스라엘인이다. 그는 어린 시절 이스라엘로 이민 갔다가 이스라엘 군대를 제대하고 고향으로 돌아와 커피 농장에서 일을 하는 중이었다.

"이스라엘인이 없는 곳을 찾아서! 그리고 자꾸 꼬마라고 하지 말랬지? 내 이름은 스페인어로 '리오'라니깐!!"

내가 이스라엘 사람을 싫어한다는 것을 안 순간 그의 얼굴은 어두워졌다. 지브에게는 좀 미안한 마음이 들었지만, 나는 시끄러운 이스라엘 사람들이 정말 싫었다.

하지만 지금은 자정이 넘은 시간, 어디로 가야 할까?

문득 놀이터가 있는 언덕이 생각났다. 긴 계단을 한참 올라야 했지만, 그곳이라면 불빛도 있고 시소에 앉아 풀벌레 소리를 들으며 마을 야경을 구경할 수 있을 것 같았다.

언덕으로 가는 길에 안토니오를 만났다.

서른여덟 살 노총각 안토니오는 홀어머니와 함께 식당을 경영하고 있는 소문난 효자였다.

"안또니오! 아돈데?" (어디 가는 거야? 안토니오!)

"수에뇨!" (자러 가는 길이야!)

"바모스!" (언덕에 가자!)

"노! 수에뇨!" (싫어! 자러 갈 거야!)

내 스페인어 실력을 알고 있는 안토니오는 내게 바디랭귀지를 섞어가며 짧은 단어로만 대답했다.

"흥! 부에노스레체스!" (흥! 잘자!)

힘껏 토라진 표정을 지으며 뒤돌아섰건만, 안토니오는 크게 웃으며 "차오!" (잘가!)라고 대답할 뿐이다.

언덕에 있는 긴 계단을 올려다보았다. 부슬비가 내렸던 오늘은 안개가 끼어 전등불조차 흐릿하게 보였다. 발밑을 조심하면서 몇 계단을 올라보았지만, 계단 옆 풀숲에 나 있는 풀벌레 소리와 함께 문득 귀신이 무서워졌다.

칫. 돌아가 잠이나 자야겠다.

계단을 내려와 마을로 가는 길에 안토니오를 만났다. 그는 언덕에서 조금 떨어진 곳에서 나를 기다리고 있었다.

"겡아, 바스 아 까사? 수에뇨? 바모스!"

(근하, 농장으로 돌아가는 길이야? 바래다 줄게!)

이 녀석, 비만인 이유를 알겠다. 사실 졸린 게 아니라 분명 긴 계단을 오르기 힘들었기 때문이리라.

"노! 솔라! 이르!" (됐어! 혼자 갈 수 있어!)

안토니오의 표정은 실망으로 가득 찼고, 그 다음 순간 못마땅한 표정으로 변해 버렸다.

"헤이 안토니오!"

위스키를 든 네 명의 남자가 나타났다.

"아미고?" (친구야?)

"세뇨리따! 무쵸 구스또." (아가씨! 처음 뵙겠습니다.)

그들 중에서 가장 덩치가 큰 알렉카는 처음 보는 나에게 다짜고짜 새 위스키 병을 따서 내밀었다.

살짝 사팔뜨기에 생긴 것도 험악했지만 에라, 모르겠다. 나는 위스키를 들이켜고 안토니오를 보며 외쳤다.

"바모스!" (다 같이 언덕에 올라가자!)

"오우! 나이스 세뇨리따!" (멋진데! 아가씨!)

알렉카는 알아듣기 힘든 영어로 연거푸 위스키를 권하며 나와 함께 언덕으로 뛰어 올랐다.

한밤중의 놀이터. 서툰 스페인어로 떠들어 대는 한국인과 정체불명의 영어를 주절거리는 알렉카, 그리고 자기들끼리 몸 장난을 치고 있는 두 명의 소년들.

한참이 지나고 계단 아래 안개 속에서 안토니오의 그림자가 비쳤지만, 그는 누군가와 심하게 다투고 있는 듯이 보였다.

"붓다! 안토니오! 뚜 세메루시알?"

(젠장! 안토니오! 쇼핑이라도 하는 거야?)

안토니오는 계단을 올려보며 내게 외쳤다.

"아미고 겡아! 아미고! 아미고! 아미고! 노 아미고!"

(내 친구 근하야! 다른 얘들은 다 내 친구지만, 재만은 내 친구 아니야!)

"씨 안토니오! 뻴렘 알렉카?"

(알았어 안토니오. 알렉카와 싸우기라도 한 거야?)

"겡아! 겡아! 아미고! 아미고! 아미고! 노 아미고!"

(근하! 나머지 애들은 괜찮아. 하지만 알렉카만은 내 친구 아니야!)

심각하게 화를 내며 소리치는 안토니오에게 진지한 표정으로 대답했다.

"씨 안토니오, 요 쎄. 뚜 무초 아미고."

(알아. 안토니오 너만 내 진정한 친구라는 거.)

그래도 안심이 되지 않는지 안토니오는 계단을 올라와 몇 번이나 친구가 아니라는 것을 다짐하고 다른 녀석과 심하게 다투기 시작했다.

안개가 자욱한 밤이었다. 마을의 불빛은 흐릿했고, 넓은 놀이터에서 모두가 흐릿하게 움직이고 있었다.

나는 연거푸 위스키를 들이켰다. 커다란 위스키가 절반 이상 비워지고 있었지만 아무려면 어떠냐. 이 정도에 취할 나도 아닌데.

나는 농장을 장악하고 자기들끼리 히브리어로 떠들어 대는 이스라엘 녀석들 때문에 기분이 잔뜩 상해 있었다. 그들은 영어를 할 줄 아는 몇 안 되는 농장 친구들까지 유창한 스페인어로 빼앗아 갔다.

"유! 유! @$%^솔라?" (너! 너! 혼자야?^$#q@$$)

"솔라!" (혼자야.)

나는 어느새 험악한 외모로 자꾸만 들이대는 알렉카가 싫어지고 있었다. 그리고 그는 자꾸만 인사를 하며 내 뺨에다 뽀뽀를 하고 있었다.

[*주: 콜롬비아에서는 뺨을 가볍게 대는 것이 인사지만 남자가 여자에게 인사하는 척, 뺨에 진짜 뽀뽀하는 것 역시 가벼운 농담에 속한다.]

"요 보이 아 미 까사!" (나 내 숙소로 돌아갈 거야!)

"데 돈데$%^$^$%&" (어디라고?)

"까페 팜! 미오 까사!" (커피 농장! 그곳 숙소로 돌아갈 거야!)

빠른 걸음으로 따라오는 그를 피하다가 나는 언덕길에서 넘어지고 말았다.

"악~!!!"

비명을 지르는 내게 다가와 나를 일으켜 주더니 갑작스레 나를 껴안았다. 그의 손은 내 셔츠 안으로 들어오고 있었다.

"Don't!" (건드리지마!)

나는 깜짝 놀라 소리 지르며 그를 밀쳐 냈다. 절뚝거리며 풀숲을 벗어났을 때 발목의 통증이 심하게 느껴졌다.

"리오! 아미고! 아미고!" (친구! 우린 친구잖아!)

알렉카는 다시 나를 붙잡고 껴안으려 달려들었다. 나는 몇 번이나 밀치고 헛주먹질을 하면서 도망갔고, 그는 몇 번이나 나를 붙잡아 풀숲으로 끌고 갔다. 나는 힘껏 그를 밀쳐 내며 발길질을 해대며 다른 친구들을 향해 힘껏 소리 질렀다.

"아미고! 아미고! 요 보이 까사!"

(친구들아! 나 내 숙소로 돌아갈 거야!)

"노소뜨로소&%E#%&" (함께 가자! 내가 데려다 줄게!)

"안토니오! 아미고! 안토니오!"

(내 친구 안토니오는 어디 있어? 안토니오!)

"$%^&*&$% 노 프로블레마 안토니오!"

(안토니오는 문제없어! 걱정하지마! 숙소까지는 내가 데려다 줄게!)

나는 언덕을 올려다보았지만 심한 안개와 함께 반 병 이상 들이킨 위스키는 내 시력을 상당히 저하시키고 있었다. 나는 내 목소리를 듣고 뛰어 내려온 붉은 티셔츠를 입은 소년의 팔을 붙잡았다.

이름이 뭐였더라? 이 소년은 나를 지키기에 너무 작아 보였다. 어쨌든 안토니오가 친구라고 했던 소년이 아닌가? 한쪽 팔은 소년을 붙잡고 한쪽 팔은 알렉카에게 빼앗긴 채 안토니오 이름과 농장이라는 단어를 울부짖으며 언덕을 내려왔다. 시야가 흐려지고 술에 취한 와중에도 발목의 통증은 심하게 다가왔다.

우리는 한참을 걸었다. 처음에는 분명 내가 머무는 커피 농장 쪽으로 가고 있었다. 문이 열리고 커다란 침대가 보였다. 하지만 이곳은 내 숙소가 아니었다. 알렉카는 스페인어로 무언가를 명령하며 붉은 옷의 소년을 떼어 내려고 했었지만, 나는 소년을 더욱 힘껏 붙잡고 소리 질렸다. 어딘지도 모르는 이곳에서 내가 할 수 있는 최선의 방어는 소리 지르며 붉은 옷의 소년을 잃지 않는 것뿐이었다.

내가 취했다고 생각하며 몰려드는 주변 사람들에게 나는 발목을 붙잡고 울부짖었고, 주위 사람들의 당황한 목소리에 밀려 알렉카는 나를 근처 병원으로 데리고 갔다.

병원 복도에 들어서자 화장실이 보였다. 나는 알렉카를 밀치고 화장실로 들어갔다. 이곳이 내가 도망갈 수 있는 마지막 장소라고 생각했다.

남미에 온 지 이제 겨우 2주 남짓... 그동안 대략적인 취재 준비와 위험지역 조사를 하느라, 스페인어에 대해 배운 것은 아무것도 없었다. 나는 이곳에서 스페인어도 배우고 커피 농장 일도 해 볼 생각이었다. 지금 내가 스페인어를 제대로 못하는데 이 상황에서 누굴 의지할 수 있을 것인가? 붉은 옷의 소년? 의사? 무엇보다 시력을 회복하는 것이 급선무였다.

정신을 차리기 위해 물을 틀고 세게 세수를 해 보았지만 여전히 앞은 보이지 않았고 놀란 몸은 덜덜 떨려오기 시작했다.

술이 완전히 깰 때까지, 날이 밝을 때까지 시간이 필요하다고 생각했다.

"아미가! 아미가!" (친구! 우린 친구잖아!)

알렉카가 화장실 문을 열고 들어왔다. 병원 화장실은 문이 잠기지 않는다는 것을 깜빡했던 것이다. 나를 껴안고 끌어내려는 그를 힘껏 밀쳐 내고 밖으로 뛰어 나갔다. 복도에서는 붉은 옷의 소년이 의사를 불러와 나를 기다리고 있었다. 의사는 내 발목을 이리저리 비틀어 보더니 이상 없단다.

"My ankle pains me. Really no problem?"

(나 지금 무지하게 아파요. 정말로 문제없어요?)

"노 쁘라블러마" (이상 없어요.)

술에 취해 넘어져서 병원에 와 난동 부리는 외국인 환자를 그는 한심하다는 듯이 쳐다보더니 진정제 주사를 들고 왔다.

헉! "No! No! It's O.K!" (괜찮아요, 괜찮아! 진정제 필요 없어요!)

나는 붉은 옷의 소년을 붙잡고 병원을 나왔다. 다행히 시력은 조금씩 회복되고 있었다. 거리의 상가에서는 내일 장사할 밀가루 반죽을 준비하고 있는 아줌마가 보였다.

"까사! 까사!" (내 숙소로 돌아갈 거야!)

"노! 노! &*$% ^&#" (넌 내 친구야! 우리집으로 가자!)

"노! 노! 까사! 까사! 아미고! 잉글리쉬 아미고!"

(싫어, 싫어! 영어를 할 줄 아는 친구가 있는 숙소로 돌아갈 거야!)

얼마나 소리를 지르고 얼마나 난동을 부렸을까

밀가루 반죽을 준비하는 아줌마는 못마땅한 표정으로 알렉카에게 화를 내기 시작했다. 잠시 사라지는가 싶었던 알렉카는 오토바이를 끌고 와 나를 오토바이에 태우라고 붉은 옷의 소년에게 명령했다.

"오토바이 타지마! 잰 위험해!"

붉은 옷의 소년은 뒤돌아서서 강한 손동작을 보이며 내게 속삭였다.

"영어가 통하는 내 숙소로 돌아갈 거야!"

나는 힘껏 소리 지르며 붉은 옷의 소년을 붙잡으며 울음을 터뜨렸고, 반죽을 준비하는 아주머니와 상가 사람들 몇몇이 나와 화난 표정으로 알렉카에게 욕을 하기 시작했다. 알렉카는 화난 표정을 지으며 나와 아주머니, 소년에게 욕설을 퍼부으며 사라졌다.

"그라시아스." (고마워.) 소년에게 업힌 채 나는 그에게 속삭였다.

"데나다." (천만에요.) 소년은 조그맣게 행복한 웃음을 터뜨렸다.

그리고 다섯 발자국을 채 못가서 나를 내려놓았고, 준비체조를 하고 다시 나를 업었다. 몇 번이나 나를 내려놓고 준비체조를 하는 바람에 내 숙소까지 한참이 걸리고야 말았다.

새벽 5시.

샤워를 하고 잔디밭에 놓인 소파에 앉아 내 다리를 살펴보았다.

언제였는지는 정확히 기억나지 않지만 알렉카를 걷어차려다가 헛발질을 한 왼쪽 발목은 부어 있었고, 오른쪽 무릎은 바지가 찢어진 채 피로 얼룩져 있었다. 무엇에 찔렸는지 상처가 깊었고 여기저기 심하게 피멍이 들어있었다.

간밤에 너무 소리 지르고 울어 버린 탓인지 더 이상 울음도 나오지 않았다. 나는 부엌으로 들어가 찬장을 열었다. 지브가 아끼는 핫초코를 꺼내서 진하게 탔다.

그리고 평화롭게 언덕을 구경하면서 잠이 오기를, 그리고 아침이 오기를 기다렸을 뿐이다.

농장마을에서 생긴 일

붉은색 머리카락에 투명한 피부, 신비스러운 보랏빛 눈동자…

반팔 티와 팬티 차림으로 이른 아침 눈을 뜨자마자 마리화나를 피우기 위해 정원으로 나온 그녀들은 흡사 창녀들의 모습 같았다.

"무슨 일이야, 꼬마? 넘어지기라도 한 거야?"

한 방안에 여러 개의 침대가 있는 도미토리(단체 방) 안에서 여자친구와 같은 침대에서 자고 뒤따라 나온 데이비드가 놀리듯 게으른 하품을 하며 내게 물었다.

귀찮은 표정으로 "강간 미수"라는 히브리어 단어를 던지자 어젯밤 내가 술 마시고 난동을 피웠을 것이라 기대했던 이스라엘 녀석들은 순간, 몇 걸음 물러서서 내게 등을 돌리고 딴청을 피웠다.

"음... 이건 정말 심한 걸."

약 상자를 들고 와 내 상처를 살피던 로엔는 곤란한 듯 중얼거렸다. 다안에게 약 상자를 넘기고 남자들에게 뜨거운 음료수 준비를 부탁하더니 밖으로 나가 다른 종류의 붕대를 구해 왔다.

이 새벽에 약국 문을 열었을 리도 만무한데, 어디서 붕대를 구해 왔을까? 어쨌든 15분도 지나지 않아 모든 상황은 종료되었다. 22살과 24살로 구성되어 있는 이 이스라엘 바이러스들의 조직력과 민첩성에 나는 감탄을 했다. 농장 일꾼들과 다른 사람들을 무시한 채 매일 밤 자정이 넘도록 위스키를 마시고 마리화나를 피워 대던 바이러스들이 아니었던가.

"넌 잘못한 것이 아무것도 없어. 알고 있지, 리오?"

로엔과 다안은 나를 위로했을 뿐 어젯밤의 사건에 대해서는 아무것도 묻지 않았다. 그리고 내가 혼자 소파에서 쉴 수 있게 소파를 마주하고 바닥에 앉았다.

내 눈치를 살피던 남자들은 안으로 들어갔다. 여자들은 바닥에 앉아 나에게 연기가 날아가지 않도록 조심하며 마리화나를 피워 댔을 뿐이다. 마리화나가 통증을 완화시켜 줄 것이라고 다안은 조언했지만, 어젯밤 사고를 겪을 뻔한 나로서는 문제될 만한 것에 접근하고 싶지 않았다.

[*주: 남미에서 커피 농장 일꾼들은 전통적으로 마리화나를 피워 왔으므로, 일정 해발고도를 넘긴 커피 농장 내에서의 마리화나는 관습법으로 허용된다.]

[*주: 한국은 속인주의에 속하므로 외국의 마약을 합법적으로 허용하는 장소에서 마약을 했다 하더라도 그 사실이 발각되면 한국에 돌아오는 즉시 불법으로 처벌받게 된다.]

나에 대한 최대한의 배려를 끝낸 그들은 그날의 일정대로 말을 타고 산악 승마를 떠났다. 어젯밤 그렇게 마시고서도, 게다가 한 커플은 손을 잡고 숲으로 들어가는 것을 보았는데도 그들의 새벽 일정에는 조금의 착오도 없었다.

그리고 그날 저녁. 이스라엘인들과 함께 트래킹을 다녀왔던 프랑스 신문기자 플로라는 친한 척을 하기 시작했다.

"리오! 오늘 아침에 우리 만났는데도 넌 무슨 일이 있었는지 전혀 말하지 않았어. 알고 있지? 내가 너를 좋아한다는 거."

하여간 기자들이란! 그녀의 행동을 십분 이해하기에 나는 내 직업이 싫어졌다. 이런 상황에서 이렇게 속 보이는 행동을 하고 싶을까?

사교적인 성격의 플로라는 숙소 안 모든 친구들에게 사랑받고 있었지만, 우리는 서로에게 앙숙이라는 것을 본능적으로 알고 있었다.

"Thanks a lot." (고마워 플로라.)

소파에 누워 있는 내게 맥주를 권하며 무릎 베개를 자청했던 플로라에게 인사는 했지만, 어젯밤의 이야기가 지금 왜 그녀에게 필요할까에 대해서 내 머리는 빠르게 굴러가고 있었다.

단순히 기자의 본능으로 진실이 알고 싶어서? 그녀의 기삿거리로 내 이야기를 소개하고 싶어서? 아니면 소문거리에 대한 단순 궁금증으로?

이스라엘의 조직력은 놀랍도록 무서워서 모두가 입을 다물고 있었지만, 진실을 알기 위한 이리저리 뛰어다녔던 플로라의 노력이 소문을 퍼뜨렸을 것이다. 그날 저녁 농장 주인은 굳은 얼굴로 나를 찾아와 무슨 일이 있었는지를 물어보았고, 마을 녀석들은 술에다 다른 것을 섞어 독하게 먹는다고 말해주었다. 그리고 내가 술을 마신 것은 아무런 잘

못도 아니며, 다만 이 조그마한 마을에서 그런 사건이 발생했다면 범인을 잡아 처벌해야 한다고 강력하게 말했다.

그들은 내 기분을 생각해서 더 이상 묻지 않았지만, 플로라와 농장 주인은 내 증언 없이도 범인을 찾기 위해 병원과 상가를 이곳저곳 알아보고 있었다. 나는 플로라를 좋아하지 않았지만 지금 이 상황에서는 그녀가 옳다는 것쯤은 알고 있었다. 하지만 그날의 기억은 분명하지 않는 부분이 있었고, 그의 이름도 사실 정확하지가 않았다. '알렉크… 카'라는 긴 이름이었던 것만큼은 분명한데, 어쨌든 녀석이 나에게 진짜 폭력을 휘두르지는 않았다는 것이다.

단순히 술에 취해 행한 충동적인 행동을 내가 폭력 사태로 오해했던 것은 아닐까? 나는 그 녀석이 강제로 껴안으며 옷을 벗기려고 했던 순간들을 분명히 기억한다. 하지만 녀석이 분명한 마음을 먹었다면, 필사적으로 내가 붙잡고 있었던 소년을 먼저 위협했겠지. 녀석에게 발길질을 하다가 발목을 다쳤지만 그게 어느 순간이었는지, 넘어진 것이 먼저였는지, 녀석이 나를 풀숲으로 끌고 가려 했던 것이 먼저였는지도 분명하지가 않았다. 우리네 대학 캠퍼스만한 크기의 마을에서 그가 내 숙소를 모를 리는 없겠지만, 만약 그도 역시 술에 취해 있었다면 내 숙소가 너무 멀다고 생각했을지도 모를 일이다. 하지만 그가 정말 취했던 거라면 마지막 순간 오토바이를 몰고 나타날 수는 없었겠지…

며칠 후 로엔은 내게 물었다.

"리오! 우리는 내일 다른 도시로 떠날 예정이야. 우리와 함께 가지 않을래? 우린 생각이 비슷해서 서로 즐거울 거라 생각해."

"고마워. 로엔. 하지만 난 며칠 더 머물 생각이야. 아직 스페인어 공부를 시작하지도 못했고, 커피 농장 일도 즐거워. 안 좋은 일이 있긴 했지만 여긴 위험한 마을이 아니잖아. 또 이곳 친구들이 자기네 젖소 농장이랑, 말 농장에 초대해 줘서 내일은 소젖을 짜 볼 생각이야."

"그래. 그렇다면 할 수 없지. 하지만 여기 우리 이메일 주소랑 일정표가 있어. 앞으로 우리가 머물 숙소의 주소도 남기고 갈게. 또 어제 새로 들어온 이스라엘 녀석한테 너를 부탁해 뒀으니 혹시라도 불안한 일이 있으면 그에게 부탁하면 될 거야. 걱정하지 않아도 돼. 앞으로는 좋은 여행이 됐으면 좋겠다."

"그래. 고마워 로엔."

…어디서부터 잘못된 걸까? 한밤중에 돌아다녔다는 거? 동네에서 알지 못하는 녀석들과 술을 마셨다는 거?

아니다. 아니었다. 나는 아직도 그 작은 마을에는 순박한 사람들이 산다고 단언할 수 있다. 천여 명의 사람들이 모여 모두가 서로를 아는, 교회를 중심으로 수십 개의 상점이 뻗어 있는 평범한 산골마을이 아니었던가? 그리고 이곳에서는 그 누구도 한밤중에 돌아다니고 마을 사람들과 술을 마시는 것이 위험하다고 생각하지는 않았다.

다만 이렇게 작은 마을은 안전하다는 절대적인 믿음에, 동네에서 평판 안 좋은 녀석과 밤늦은 시간 위스키를 잔뜩 마셨다는 것이 내 실수였을 것이다.

안토니오는 알렉카가 평판 안 좋은 녀석이라 내게 주의를 줬지만, 그 역시 정말 그런 일이 일어날 것이라고는 생각하지 못했을 것이다. 적어도 범죄가 거의 일어나지 않는 그런 시골 마을에서는 말이다.

그리고 그 사건 이후, 나는 마을에서 무식하고 무뚝뚝하게만 보였던 농장 일꾼들의 따뜻한 관심과 배려에 진심으로 감동받아 버리고야 말았다.

농장의 하루가 끝나면 일꾼들은 나를 위해 오렌지나 레몬을 따다 주었다. 크리스티나는 커피 농장에서만 먹을 수 있다는 코카 잎을 섞은 스프를 끓여 주었다. 지브는 수백 송이의 꽃을 꺾어와 내 침대를 장식해 주었다. 지브의 로맨틱한 배려에 당황해서 "지브! 너 얼마나 많은 생명을 죽인 건지 알아?"라고 화를 냈던 것이 나는 두고두고 미안하다.

로엔 패거리들이 떠난 날 농장에는 또 다른 이스라엘 패거리가 들어왔다. 그들은 사건에 대한 간단한 정보를 로엔에게 넘겨받았고, 밤새 위스키와 마리화나를 들이켜면서도 내가 농장 밖으로 나설 때면 항상 누군가가 따라와 말동무를 해 주곤 하였다.

지나친 배려라는 생각도 들었지만 아무 말도 하지 않았다. 더 이상 이스라엘의 위스키와 마리화나가 싫지 않았고, 그들과 함께하는 시간이 진심으로 즐거워졌기 때문이다. 나는 이제 무분별한 이스라엘 바이러스들의 민첩성과 조직 의식을 진심으로 존경하게 되었다.

...나는 이 글을 쓰면서 약간의 걱정이 들었다. 누군가가 이 글을 읽고 여자 혼자 외국 여행을 다녀서는 안 된다고 단순하게 생각할 수도 있기 때문이다.

내가 쓰고 싶은 이야기는 이런 것이 아닐진대, 아쉽게도 내가 겪었던 사람들의 우정이나 감동, 그 모든 불미스러운 일을 뛰어넘을 수 있었던 소중한 경험들을 어떻게 써야 할지를 몰라 지금은 그냥 넘겨 버릴 수밖에 없다.

글로 쓰면 모든 이야기가 신파극처럼 느껴지기 때문이다.

고민을 들은 친구 녀석이 내게 말했다.

"개인적인 휴머니즘을 표현하지 못하는 것이 네 성격의 한계이니까 어쩔 수 없지. 지금은 그냥 그렇게 써. 너는 네 삶과 여행을 진심으로 사랑했다고, 너는 네 행동과 판단에 대해 결코 후회하지 않는다고."

...언젠가는 여행지에서 얻었던 내 마음에 관해서도 쓸 수 있을 것이다. 세상의 위험은 언제, 어디서, 누구에게나 일어날 수 있다는 사소한 경각심과 함께 말이다. 그리고 그때는 아름다운 이야기에 초점을 맞춰 그것들이 누군가의 삶에서 어떤 의미가 될 수 있는지도 표현할 수 있을 것이다. 아마도 그때는 모두가 이해하게 될 것이다. 내가 왜 여행을 사랑하게 됐는지. 내가 왜 모두에게 여행을 떠나라고 하는지.

하지만 지금은 내 형편없는 글 솜씨를 탓하면서, 내게 사랑을 가르쳐 준 농장 마을의 가족들과, 언제나 애정을 가지고 내 글을 읽어 주는 모든 이에게... 그리고 나를 대신해서 농장마을 이야기의 결론을 표현해 준 친구에게 고맙다는 말을 전하고 싶다.

모든 여행자가 돈이 없어서 3등석을 타는 것은 아니다

고급스러운 반 침대에 여유로운 좌석 공간, 간식으로 나오는 쿠키 한 조각과 따뜻한 커피 한 잔, 친절하고 교양 있게 영어를 구사하는 사람들.

당장이라도 뒤집힐 것 같은 낡고 더러운 버스에 동물까지 보따리에 넣고 타는 사람들. 버스 곳곳에 배인 참을 수 없는 오물 냄새…

6시간을 달리는 이 두 버스의 가격 차이가 1,500원이라고 한다면 당신은 무엇을 타겠는가?

…콜롬비아를 떠나 베네수엘라로 들어간다고 믿었던 그날의 일이다.

베네수엘라 국경 직원은 내 여권을 들고 안쪽으로 사라지더니, 한국인은 콜롬비아로 돌아가 비자를 받아와야 한다고 했다.

"한국인은 베네수엘라 비자가 필요 없는데요?"

"저도 어쩔 수가 없습니다. 아가씨. 하지만 콜롬비아로 돌아가서 비자를 받아와야만 합니다."

북한으로 착각한 건 아닐까? 아니면 뇌물? 무엇이 문제인지 국경 직원을 슬쩍 찔러 보았지만, 그 무엇도 아니었다. 허탈한 표정으로 가방을 들고 돌아서자 국경 직원은 나를 붙잡고 콜롬비아에는 두 버스회사가 있으니 싼 버스에 속지 말고 비싼 버스를 타라는 설명까지 해 주었다.

배가 고팠기 때문일까… 거리에 우두커니 서서 버스를 기다리는 사이 인도 기차가 환영처럼 다가 왔다.

3등석 여성 전용 칸의 풍경이다.

힐끔힐끔 나를 쳐다보며 수다를 떨었던 아줌마들, 외국인과 대화를 하고 있다는 감동에 눈빛을 반짝였던 시골동네 여학생들…

동행자가 없을 때면 난 늘 3등석을 탔었다. 밤이 되면 2층 짐칸으로 올라가 잠을 잤고, 그 와중에서도 순진하기만 한 인도 사람들은 혹시나 누군가가 나를 괴롭히지 않을까, 모두들 눈을 부릅뜨고 나를 쳐다보고 있었다.

3등석의 추억은 넘쳐나도록 많을진대, 아쉽게도 나는 인도 기차의 1등석을 모른다. 외국인에게만 무척 친절하다는 인도의 관리와 부유층의 대학생, 1등석에서만 논할 수 있다는 인도의 역사와 정치 현실.

하지만 그 모든 것을 무시하고서도 진짜 여행을 하고 싶다면 3등석을 타야 한다는, 지금 생각하면 터무니없는 소신에 여행했던 어린 시절이었다.

"빵~!!!" 버스가 나를 보고 소리쳤다.

달리는 버스 안에서 호객꾼이 뛰어나와 나를 태우려 했다.

"노! 노! 괜찮아요! 난 다음 버스를 탈 거예요!"

"아가씨! 그 버스는 더럽고 위험해요! 돈 차이도 별로 안 나요! 그 사람들 외국인들에게 버스비를 깎아 주는 일은 절대 없거든요!"

"네! 네! 알고 있어요. 하지만 괜찮아요! 전 돈이 없는 여행자니까요!"

"하지만 아가씨! 정말 후회해요. 그 버스는 더럽고! 위험하고!"

천천히 달리던 버스는 다시 빵빵거렸다. 아저씨는 버스를 힐끔 보더니, 어쩔 수 없다는 듯 고개를 설레설레 흔들었다.

"아가씨! 그럼 마음이 바뀌면 그 다음에 오는 우리 회사 버스를 타세요. 오늘 네 대는 더 지나갈 겁니다."

"네! 감사해요! 그렇게 할게요!"

2시간을 기다렸다.

비싼 버스를 한 대 더 보내고, 5분 후에 나타난 싸구려 버스를 탔다.

호객꾼은 나를 보더니 느긋하게 거리에서 물 한 봉지를 사서 내밀었다. 버스에 올라 탄 후 내가 마음을 바꾸지 못하도록 미리 친절을 베푼 것이다. 망설임 없이 물을 받아 마시고 버스에 올라선 순간, 나는 진심으로 버스에서 도망치고 싶었다. 오래된 구토 냄새!

거칠게 올라오는 호객꾼에게 밀려 버스 안으로 들어온 나는 앞좌석을 비집고 앉아 몸을 돌려 승객들을 쳐다보았다.

나야 쉽게 속는 여행자라 할지라도, 이들은 정말 버스 값을 모르는 것일까? 아니면 이들에게 1,500원이란 돈은 정말로 큰돈인 걸까? 찢어진 천 사이로 의자 스프링은 튀어나와 있었고, 앞쪽에 위치한 화장실은 문이 닫히지 않아 지독한 소독약과 오물냄새를 풍기고 있었다.

승객들 역시 버스에 어울리는 사람들이었다. 꼬질꼬질한 옷차림에 들고 있는 것은 보따리에 싸여 있는 동물 우리, 더러운 이빨을 내어놓은 채 코를 고는 아저씨...

버스는 한참을 달렸다. 어느 길목에서 군인들이 총을 들고 버스를 정차시켰다. 5분 앞서 출발했던 또 한 대의 비싼 버스는 잠시 정차하고 운전기사만 신분 조사를 받은 채 곧바로 출발해 버렸다.

하지만 우리는 승객 모두가 내려야 했다. 군인은 짐을 모두 두고 내리라고 명령했으나 호객꾼의 애원으로 나만이 작은 가방을 들고 내리는 것을 허락받았다.

사람들은 웅성거렸다. 누구는 테러범을 잡는 것이라 했고, 누군가는 마약을 수색하는 것이라 했다. 승객들은 자신의 신분증을 보여 줘야 했으며, 군인들은 불친절했다. 그리고 1시간에 걸친 수색이 끝나고 나서야 아무런 말썽 없이 다시 출발할 수 있었다.

버스가 덜컹거리며 출발하는 순간, 차안의 동물들은 흥분해서 소리 질렀다. 땟국물이 흐르는 아이들은 서로의 품속으로 파고들었다.

화장실에서 풍겨 나오는 냄새와 함께 배고픔과 두통이 다시 나를 덮쳐 왔다. 그렇게, 그렇게, 오후가 사라지기 직전에서야 버스는 영사관이 있는 도시에 겨우 도착할 수 있었다.

호객꾼은 내일 지나가는 버스 시간을 적어 주었다. 이번에는 주스를 사서 내밀었다. 나는 약간의 멀미를 했으나 갈증이 났다.

그리고 내일은 화장실과는 반대편, 운전사 뒤쪽 좌석을 미리 맡아 주지 않으면 타지 않겠다고 으름장을 놓았다.

다음날.

그는 나를 위해 방석까지 준비해 왔다. 하지만 역시 소용없는 일이었다. 아무리 화장실 바람이 직접 날아오지 않는다 해도, 버스 안에 배어 있는 백만 년의 냄새와 울부짖는 동물들은 결코 사라질 수 없다는 것을 깨달은 것이다.

냄새 때문에 몰려오는 두통을 온몸으로 받아들이면서 생각했다.

3등석도 모르는 자가 1등석을 타서는 안 되는 것이라고.

여행이란 3등석의 의미를 온몸으로 배우는 것이라고.

그리고 나는... 언제나 터무니없는 소신으로 3등석을 사랑하는 바보 여행자였다.

*주: 훗날 확인한 바에 따르면 베네수엘라는 원칙적으로는 한국인 무비자이긴 하지만, 입국 경로에 따라 무비자, 국경비자, 트랜짓카드(경유허가서)를 요구하는 국경비자로 나뉜다.

이 중 가장 번거로운 것은 국경에서 요구하는 경유허가서인데 국경에서 바로 발급받을 수 있는 국경비자와도 달리, 근처 도시 영사관에서 미리 경유허가서를 받아야 국경에서 비자를 발급 받을 수 있기 때문이다.

창녀와 빈민촌

내 친구 아나네 집은 베네수엘라 카라카스 빈민촌에 있습니다.

버스를 타고 한 시간쯤을 달리면 도로를 벗어나 언덕을 올라가지요. 눈에 익은 삼거리가 나오면 버스에서 내려 건물 사이 좁은 통로를 따라 가파른 계단을 내려갑니다. 계단 끝 골목길에 몇 발짝만 걸으면 따닥따닥 붙어 있는 건물들이 있습니다. 3층에 위치한 이 집에는 네 개의 방에 일곱 명의 여자만이 살고 있습니다.

아나네 어머니는 콜롬비아, 베네수엘라 두 개의 국적을 가지고 있고요, 병원에서 일하고 있습니다. 아나는 콜롬비아의 대학생인데, 방학이라 집으로 돌아오는 버스에서 만났지요. 아나와 함께한 콜롬비아에서 베네수엘라까지는 이틀 밤의 거리였습니다.

아나와 같은 방을 쓰는 아가씨는 임신 중인데, 직업이나 애인은 없습니다. 자세한 사정은 잘 모르겠으나, 만삭의 몸으로 시장에서 열매를 까고, 쓰레기를 모으거나 뭐 그런 일들로 일당일당 살아갑니다. 그래도 아기 옷이랑, 분유통이랑 그런 것들을 구해와 모아 뒀더라고요. 내가 아기용품은 잘 모르지만 필요한 것은 거의 다 준비한 듯했습니다.

다른 방의 아주머니는 동네 상점에서 근무합니다. 제가 한국에서 뭐 하는 애인지 궁금해 하며, 직접 찾아와 시리얼과 우유를 나눠 주고 가더군요.

아랫집에는 대가족이 살고 있습니다. 할머니, 엄마, 삼촌, 큰아빠, 그리고 그 집 딸도 학교에 다니고 있습니다. 아나와 동갑내기인 그 아이는 기자가 꿈이라고 하면서도 학교를 언제까지 다닐 수 있을지 모르겠다고, 꿈은 너무 먼 곳에 있다며 까르르 웃고 맙니다.

아나네 집으로 갔던 다음 날 저녁 나는 동네를 구경한 후 치킨 두 마리를 사들고 돌아갔습니다. 식구들은 이미 저녁을 먹었다면서 아무도 안 먹더라고요. 아나가 제게 눈치를 주면서 이 집은 각자 먹을 것을 따로 먹으니 두고두고 저만 먹으랍니다. 하지만 제가 무조건 같이 먹어야 한다고 우기니까 다들 제 눈치를 보면서 조금씩 먹는 시늉만을 합니다.

아나가 이혼한 아버지 집으로 갈 때까지 1주일 동안 하는 일이라고는, 집안에서 여자들끼리 패션쇼하며 사진 찍기? 아나의 남자친구 자랑 듣기? 모두의 꿈? 그런 이야기들을 했지요.

한참을 놀다가 저녁 7시가 넘은 시간.

우리는 아이스크림을 사 먹기로 했습니다. 여자 넷이 외출 준비를 하니까 아래층 아저씨가 말리더군요. 그리고 앞으로는 아저씨를 시키라고 몇 번이나 신신당부를 하면서 우리에게 돈을 받아 아이스크림을 사다 주셨습니다.

이곳은 밤거리가 위험하다고 다들 잔소리를 합니다.

만약 세상 위험 모르는 누군가가 이곳에서 살고 있다면 아마도 한 번쯤은 날치기나 퍽치기, 강도를 당하게 되겠지요. 그리고 그런 일들이 실제로 일어난다는 것을 알기에, 그리고 그것이 언제 일어날지 모르기에 빈민촌이 위험하다는 말은 사실일 겁니다.

하지만 이곳 사람들의 진짜 걱정은 빈민촌의 위험이 아닙니다. 도시로 나간 그들 자식에게 언제 일어날지 모르는, 빈민촌을 욕하는 도시 사람들의 악질 범죄를 진심으로 걱정하며 살아가고 있었습니다.

며칠 전 아나의 방에 두었던 가방 안에서 약간의 돈이 없어졌습니다. 저는 그것이 같은 방을 쓰는 아가씨의 짓이라고 생각합니다.
가방 안에서 돈이 없어진 것을 알게 된 그날, 그녀는 한밤중에 돌아와 조용히 몸을 누였습니다. 나는 문득 그녀가 임신한 몸으로 아직도 몸을 팔고 있는 게 아닐까 걱정이 들었습니다.

하지만 그것이 사실일지라도 누구도 그녀를 비난할 수는 없습니다. 그녀는 곧 태어날 아기를 위하여 새벽부터 일어나 쓰레기를 줍고 수건을 모으고 있으니까요.

나는 사랑과 매춘은 별개라고 말했던 콜롬비아 사창가 아가씨를 기억합니다. 그녀는 오랜 손님이었다는 필리핀 노동자에게 버림받고서 울 곳을 찾아 내게 왔었습니다. 처음 보는 외국인 기자에 대해 부러움이 가득 찬 눈에, 눈물이 그렁그렁하면서도 어린 아가씨는 자신의 삶과 존재에 대해 그렇게 당당했었습니다.

베네수엘라는 전체 인구의 90%가 가난하다고 합니다. 50%가 빈민이라고 하고요. 이곳의 아이들 중엔 분명 사기를 치고, 강도짓을 하는 아이가 생겨날 수 있겠지요. 아뇨 분명 생겨날 것입니다.

하지만 이곳을 범죄 소굴인 양 외국인에게 매도하는 여행사를 보면 조금 서운해질 때가 있습니다. 100만 명이 넘게 살고 있는 이곳에서 정말로 모두가 사기와 강도, 매춘업에만 종사하고 있을까요?

나는 이 아이들의 대다수가 노동자가 될 것이라고 생각합니다.

몇몇은 이곳에서 쓰레기를 주어 먹고, 몇몇은 도시로 나가 노숙자가 되겠지요. 하지만 일자리가 적은 이곳에서 대다수의 사람들은 성실하게 일을 해야 합니다.

그리고 이들의 부모가 그랬듯 아이들을 키우게 될 것입니다.

그리고 자신보다는 더 나은 미래를 주고 싶어 할 것입니다.

……

베네수엘라의 빈민지원정책으로 이곳 아이들은 질 낮은 교육을 받을 수 있게 됐습니다. 하지만 이곳에서는 아직도 차베스를 원망하는 목소리가 높습니다.

'차베스는 모든 것을 국유화하고 국민의 복지를 약속했지만, 빈민층을 위한 정책은 부자들의 미움을 받았다. 차베스는 언론사를 장악하지 못했고, 이권을 챙기지 못한 부자들은 중간에서 정책대로 움직이지 않았다. 많은 정책들은 실패로 돌아갔고 언론을 쥐고 있는 부자들은 그를 독재자라고 표현했다. 속사정을 모르는 국민들이 점점 차베스를 원망하기에 차베스를 좋아하는 기자들은 많을지언정 그를 변명해 주는 말은 하지 못했다. 게다가 차베스는 노골적인 반미 정책을 보였기에 국제사회에서도 독재자로서 고립되어 버렸다.'

라는 것이 베네수엘라 신문기자의 생각이었습니다.

뭐, 다들 아시겠지만, 이미 죽어 버린 차베스가 독재자였는지에 대해 우리가 답을 낼 수는 없습니다. 아무리 오랜 시간이 지나도 사람들은 모두 자신의 가치관으로만 차베스를 평가하게 될 것입니다. 하지만 저는 빈민촌의 모두가 원망하고 독재자라고 믿었던 차베스가 진심으로 베네수엘라 국민들을 사랑했다고 믿고 싶습니다.

이유는 없지만 왠지 그랬을 거라고, 그리고 그래야만 했다고.

아나와 빈민촌 사람들을 보면서,

폐허가 되어 버린 노숙자 숙소와 빈민촌의 직업학교들을 보면서,

빈민촌에 무상으로 보급되는 옷을 만드는 공장들을 보면서,

희망과 순수라는 이름으로 뛰놀고 있는 거리의 아이들을 보면서 그런 생각이 들었습니다.

아나네 집으로 가는 골목길

베네수엘라의 위조지폐

베네수엘라의 수도 카라카스.

콜롬비아에서 베네수엘라로 넘어오는 길에 바로 아나네 집으로 갔으니 작은 문제가 생기고 말았다. 베네수엘라처럼 국내 사정이 불안정한 나라에서는, 국경지대에서 여행자들을 만나는 것이 가장 빠른 정보 수집 방법인데 이번에는 그 과정이 생략된 것이다.

무엇보다 진짜 환율을 아는 것이 급선무라 일단 은행으로 들어갔다.

"무엇을 도와드릴까요?"

거짓말이 쉽게 나왔다.

"제가 내일 미국으로 돌아갑니다. 그런데 베네수엘라 돈이 너무 많이 남았어요. 1,000Bs.[*볼리바르: 베네수엘라 화폐 단위, 약 350만원]를 팔고 싶은데 몇 달러 정도 받을 수 있을까요?"

"은행에서는 달러를 팔지 않습니다. 미국으로 돌아가서 환전하거나 거리에서 환전하세요."

"사람들 얘기가 거리에는 위조지폐랑 범죄가 많다고 해서요. 은행에서 안전하게 환전하라고 하던데요?"

은행 직원은 조심스레 얼굴을 찌푸렸다.

"정책상 은행이나 공공기관에서는 달러를 팔지 않습니다. 위조지폐가 있긴 하겠지만, 일단 조심해야 하겠지요. 하지만 보통은 거리에서 환전을 합니다. 베네수엘라 치안은 외국인이 생각하는 것처럼 나쁘지는 않습니다."

"그건 당신이 같은 베네수엘라 사람이니까 그렇지요. 범죄자에게 있어 외국인은 그냥 봐도 돈 많은 바보로 보이잖아요."

"하하. 그렇군요. 아가씨는 조심하셔야겠네요. 어쨌든 환전소로 가십시오. 환전소는 중심가에서 오른쪽 골목에 모여 있습니다."

"한 가지만 더요. 그럼 제가 100달러를 드리면 몇 볼리바르인가요?"

"은행 공시 환율은 현재 100달러당 200볼리바르입니다."

"감사합니다."

은행을 나와 골목을 들어가기가 무섭게 환전상들이 달려든다.

"깜비오? 깜비오?" (환전? 환전이 필요하세요, 아가씨?)

그대로 골목을 지나쳐 고급 호텔가로 들어섰다.

"100달러만 환전해 주시겠어요?"

"실례합니다, 아가씨. 혹시 이 호텔에서 묵으시나요?"

"아닌데요."

"죄송합니다. 저희는 이 호텔 고객만 환전해 드리고 있습니다."

"한 번에 많은 돈을 환전하겠다 해도 어려울까요?"

"6,000달러 이상 환전하실 거라면 카지노로 가십시오."

"이 호텔 손님들의 경우 얼마에 환전되나요?"

"100달러당 300볼리바르를 드리고 있습니다."

이른 아침에 나왔는데 이미 정오를 훌쩍 넘어서고 있었다.

아나네 집까지는 버스로 2시간 거리. 서두르지 않으면 늦은 저녁에 들어가게 되리라.

중심가의 환전소 골목으로 돌아갔다.

"100달러를 환전을 하고 싶어요. 얼마인가요?"

"얼마를 원하세요, 아가씨?"

"300볼리바르."

"한 번에 많이 환전할 생각은 없나요? 훨씬 더 좋은 환율로 드리지요. 그런데 일단 돈부터 보여 주시겠어요?"

"아니, 먼저 300볼리바르부터 가져오세요."

어딜 가나 사기꾼들.

이런 것도 여행의 일부분이라 가끔은 거리의 사기를 즐길 때도 있지만 가끔은 지겨워질 때도 있다. 100달러를 400볼리바르로 환전해 줄 테니 있는 돈을 몽땅 바꾸라고 꼬시는 놈과 내 돈을 위조지폐라 우기는 놈들. 십여 개의 환전소를 돌았을까, 인자해 보이는 할아버지가 앉아 있는 금은방으로 들어갔다.

"할아버지, 환전을 하고 싶은데요. 혹시 여기서도 환전이 가능한가요? 100달러를 바꾸고 싶어요."

"허허! 100달러라면 300볼리바르를 드리지요."

"네, 할아버지 바꿔 주세요."

할아버지는 밖으로 나가 누군가를 불렀다.

… 귀찮고 뻔한 이야기는 생략하겠다.

소년이 내 돈을 받아들자마자 "이 돈 진짜일까?"라고 테이블에 내려놓는 순간 나는 당황하고 말았다. 지폐는 소년이 돈을 들었다 놓은 사이에 한눈에도 위조지폐로 보이는 B급 종이가 되어 있었다.

"이봐! 네가 바꿨잖아! 내 돈 어딨어!"

"무슨 소리야, 내가 바꿔치기하는 거 봤어? 봤어? 봤냐구!"

"좋아! 그렇다면 경찰을 불러! 경찰이 분명 어디선가 내 돈을 찾아내겠지!"

1시간이 넘어서야 8명의 경찰이 몰려왔다.

"아가씨, 이 사람들이 위조지폐 바꾸는 것을 직접 보았나요?"

"전 위조지폐를 분명히 구분할 줄 알아요. 줄 때 분명 진짜 지폐를 줬으니, 이곳 어딘가에 제 진짜 지폐가 있을 거예요. 지금 당장 뒤져보세요. 이곳 어딘가에 분명히 있어요."

경찰이 찾을 수 있을 리 만무했다. 또 아까 사무실을 오락가락했던 사장님과 주변 구경꾼들, 그들 역시 수상하다.

"아가씨는 오늘 많은 환전소를 돌아다녔잖아요. 분명 다른 어디선가 바꿔치기 당한 거에요."

"이봐요. 제 직업이 기자거든요. 아프리카, 중국, 위조지폐는 수십 번은 겪어 봤다고요. 아무려면 이런 B급 지폐에 속을 것 같아요?"

"하지만 아무런 증거도 없잖아요. 그럼 아가씨의 돈은 어디에 있죠? 어차피 100달러, 아가씨한테 그렇게 큰돈도 아니잖아요. 남의 장사 방해 말고 빨리 사라져요!"

"그렇군요 할 수 없네요. 아! 그러고 보니 그것보다는 좋은 기삿거리가 되겠네요!"

나는 카메라를 들고 건물 복도와 간판 사진을 찍었다.

순간 사무실 소년의 인상이 험악해졌지만 그 역시 여유 있게 받아냈다.

"네. 할 수 있으면 해 봐요."

"참, 경찰 아저씨. 이 사람에게 전화해 주시겠어요? 베네수엘라 신문 기자인데, 요즘 무슨 특집 만든다고 했으니까 좋은 기삿거리가 될 거예요."

움베르트는 아나를 만났던 버스 안에서 만났던 또 한 명의 친구였다. 나와 함께하는 아나네 가족이 정말 좋은 사람인지를 걱정하면서 정치 잡지에 실린 그의 기사 아래 전화번호를 적어 주며 도착하면 전화하라고 했었다.

나는 가방 안에서 정치 잡지를 꺼낸 후, 내 기자증과 함께 그의 이름 밑에 적혀 있는 전화번호를 건네줬다.

"베네수엘라 경찰은 협조해 주실 거라고 생각해요. 그렇지 않아도 당당하게 이루어지는 사기와 범죄에 대해 정부에서 신경 많이 쓰고 있다고. 아, 제가 직접 신문사로 할게요. 가게 전화기를 써도 되겠죠?"

"무슨 짓이야!"

테이블 위에 놓인 전화기를 드는 순간 험악해진 소년은 손목을 쳐서 전화기를 떨어뜨렸다.

"아얏! 이게 무슨 짓이죠? 경찰! 이런 모습들을 그냥 보고만 있을 셈인가요? 어쨌든 할 수 없군요. 제가 스페인어를 제대로 못해서 아무래도 친구를 불러 오는 게 더 빠를 것 같아요. 경찰 아저씨 휴대폰 있지요? 신문사로 전화 좀 해주세요. 사실 우리도 취잿거리가 별로 없어서."

여덟 명의 경찰들은 모여서 뭔가 열심히 떠들어 댔다. 위조지폐 범인을 찾고 싶어도 증거가 없다느니, 내가 이미 여러 환전소를 돌았으니 내 말만은 믿을 수가 없다느니.

한심한 녀석들.

사기꾼들이 경찰 앞에서 이렇게까지 당당할 수 있다는 것은 경찰이 여러 번 물먹었거나 경찰도 이들과 담합했다는 이야기이다.

경찰들이 떠들고 있는 사이 소년은 내게 다가와 조용히 말했다.

"좋아, 그럼 협상하자. 우리는 네가 가게 앞에서 소란 피우는 것을 원치 않아. 그리고 넌 내가 바꿔치기했다는 증거가 없지. 은행 환전가인 200페소를 주겠어. 이쯤에서 사라지는 게 어때? 이 정도면 많이 양보한 것 같은데?"

"내가 왜 그래야 하는데? 이곳 거리 환전가는 최소 300볼리바르 이상일 거라 생각되는데?"

"물론. 하지만 증거도 없는 상황에서 내가 200볼리바르를 제안했으면 진짜 많이 봐 준 거야. 이쯤에서 물러나지 않으면 경찰도 화내지 않을까?"

경찰은 내게 그러라고 눈짓을 했다. 진실이야 어떻든 경찰들이 사건을 조사하겠다는 의지가 있어 보이지가 않았다.

움베르트를 부른다 할지라도 그가 실제로 도움이 될지 알 수 없는 상황. 100달러를 돌려달라고 하고 싶었지만 위조지폐로 바꿔치기 한 것을 인정하는 셈이 될 테니 결코 돌려주지 않을 테고, 현지 돈으로 받자니 정부가 공식적으로 공지한 200볼리바르가 맞는 이야기일 것이다.

나는 결국 여기서 타협하고야 말았다. 이 200볼리바르를 받고 경찰들을 쳐다보며 한마디 했다.

"세계 어느 나라를 가도 중심가에서 이렇게 조잡한 위폐가 돌아다니지는 않아요. 유독 베네수엘라 여행자들이 순진한 건가요, 아님 베네수엘라 경찰들이 한가한 건가요?"

"그렇겠지요. 북한산 위조지폐에 익숙한 아가씨에게 있어 이 정도는 애들 장난감이겠군요."

... 나쁜 녀석들.

이 한마디로 나는 경찰들도 진실을 알고 있을 거라 확신했다. 함정수사를 한두 번만 펼쳐도 이렇게 뻔히 보이는 위조지폐들이 뻔뻔하게 돌아다니지는 못할 텐데. 거리의 경찰조차 삥 뜯기로 유명한 베네수엘라라지만, 국가 공무원의 최소한의 양심이 있지 위조지폐를 눈감아 주다니 말이다.

200볼리바르를 받아들고 경찰들과 작별 인사를 한 후 거리로 나섰다. 아침부터 "환전하세요!"를 외쳤던 아저씨는 나를 따라오며 내게 말했다.

"원래 저 건물에 유독 위조지폐가 많아요. 다음 번에는 이쪽 건물로 오세요. 혹, 친구도 있으면 데려오세요. 전 예전에 경찰을 했었는데 지금은 조그마한 고미술품 가게를 운영하고 있답니다."

그는 지갑에서 오래된 경찰신분증까지 꺼내 보여 주었다.

"100달러에 얼마 하나요? 제 친구는 어제 600볼리바르까지 알아봤다고 자랑하던데."

"600볼리바르 드리지요. 친구 분도 데려오세요. 믿을 수 있는 사람에게 한 번에 많이 바꾸세요. 많이 환전하면 환전할수록 높은 가격을 드린답니다."

그의 수작을 슬슬 받아 주며 역으로 걸어가고 있는데, 한 무리의 사람들이 지나갔다. 그리고 환전상과 사람들이 눈빛을 주고받는 순간, 나는 그들이 조금 전 거리에서 나를 지켜보았던 사람들임을 직감했다.

베네수엘라.

정부가 잘 살게 해 주겠다는 약속을 지키지 않았기에 자신들도 사회적인 약속을 지키지 않는다고 당당히 말하는 베네수엘라 국민들. 반미 감정의 악화로 외국인 상대의 범죄는 죄가 되지 않는다고 믿는 베네수엘라 국민들.

훗날 신문기자 움베르트는 베네수엘라에 대해 이렇게 말했다.

"교육 수준이 낮고 경제가 어려워질수록 사람들은 나쁜 사람을 상대로는 나쁜 짓을 해도 된다고 믿으니까요. 그것이 베네수엘라가 점점 고통스러워지는 결정적인 이유일 겁니다."

빈민촌 무상 보급용 옷을 만드는 공장. 베네수엘라의 카라카스

노트북 도난사건

뜨거운 태양빛을 등진 채 또 다시 걸어가는 중이었다. 비쿠냐에서 국경까지는 90km. 버스도 다니지 않는 이 길을 히치하이크하고, 또 다시 히치하이크하면서 하루를 소비하고 있었다.

멀리서 승용차 한 대가 빠른 속도로 다가왔다. 빵~!!! 하는 소리에 달려가 보니 젊은 남자가 둘. 이번에는 내가 외면해 버렸다.

뜨거운 태양 아래 서 있는 자신이 너무 바보 같았다. 국경까지 걸어가 볼까도 생각해 보았지만, 1년 치 장비와 텐트까지 구비한 가방은 너무 무거웠고, 내가 선택한 여행 방식에도 깊은 회의가 느껴지고 있었다.

소형 지프차 한 대가 스쳐 지나갔다. 힘없이 차를 바라보다 살짝 팔을 들어 보니 100m는 앞서 가던 차가 후진해서 돌아온다.

"상환!"[*아르헨티나 도시 이름], "오 아듀아나!" (아니면 칠레 국경!)

차의 뒷좌석이 쉽게 열렸다. 사람 좋아 보이는 50대 부부.

4명의 자식과 2명의 손자가 있다면서 지금은 제2의 신혼여행을 즐기는 중이란다.

"오늘 아침부터 3대의 차를 갈아타고 이곳까지 왔어요. 아르헨티나로 가시나요?"

"아뇨, 우린 국경까지만 가요. 그곳에서 하루 머물고 돌아갈 거예요. 국경에서 아르헨티나로 가는 차가 많을 테니 다시 히치하이크해서 가세요."

시간은 너무 많이 지체되고 있었다. 운이 좋으면 오늘 하루 만에 비쿠냐에서 국경으로, 국경에서 상환으로, 그리고 최종 목적지인 멘도사까지 히치하이크를 해서 갈 수 있다는 꿈은 사라지고 당장 오늘밤 어디서 잘 것이냐가 눈앞의 과제로 떠오르고 있었다.

여권에 출국 도장을 찍어 주면서 국경 직원은 말했다.

"아르헨티나 국경은 이미 닫혔습니다. 오늘 하루 여기서 주무시고 내일 떠나세요."

국경 숙소에 짐을 풀고, 노트북을 충전하려다가 깨달았다. 노트북을 둔 작은 가방을 차 안에 두고 내린 것이다.

오피스로 내려갔다.

"히치하이크를 한 차에 노트북을 두고 내렸어요! 아르헨티나 국경이 여기서 먼가요?"

"160km입니다. 아르헨티나 국경에 전화해 드리겠습니다. 아! 그 사람들은 아르헨티나로 넘어가지 않습니다. 국경과 국경 사이에서 하루 캠핑하고 내일 돌아올 거예요."

"국경 사이에서 캠핑이요? 경치가 멋진가 봐요?"

"산이기는 한데, 아무것도 없습니다. 그냥 어느 곳에도 속하지 않는 국경 사이에서 하룻밤 캠핑해 보겠다는 사람들이지요."

...세상에는 이해할 수 없는 노년의 신혼 여행자들이 많이 있다.

한 시간 후 국경 직원은 다시 나를 불렀다.

"노트북을 차에 두고 내린 것이 확실한가요? 국경 순찰차가 그 사람들을 찾아서 노트북을 물어보았는데 차에 없답니다. 그 사람들은 내일 돌아옵니다. 내일 만나서 직접 물어보세요."

"차에다 두고 내린 것이 확실합니다. 분명히 기억해요. 제 친구들이 좋은 사람이라고 생각하지만요, 그래도 거짓말을 하고 있을 가능성은 없나요? 만약 그 사람들이 노트북을 가지고 있다면 내일 그 사람들 돌아올 때 국경이니까 물품검색을 하면서 확인할 수 있겠죠? 혹시 그 사람들이 마음을 바꿔서 아르헨티나로 넘어 갔을 가능성은요? 그 사람들 신분은 국경에서 확인했을 테니, 나중에라도 칠레 집주소를 알 수 있을까요? 캠핑지에서 지나가는 다른 사람에게 노트북을 팔거나 맡겼을 가능성은요? 혹시 국경 순찰차가 그쪽으로 지나갈 때 같이 가서 물어볼 수는 없을까요?

차안에 가방을 두고 내린 기억이 확실한 데다가 너무 중요한 물건이어서요. 직업이 기자입니다. 돈의 문제가 아니라 지난 몇 개월 동안 기록했던 남미에 관한 자료들이 모두 노트북에 들어 있어요."

"국경을 통과하는 여행자에게 물품을 맡기는 것은 어렵습니다. 노트북 안에 무엇이 들었을까 의심하게 될 테니까요. 오늘은 칠레 쪽에서 지나가는 순찰차가 없습니다. 아르헨티나 쪽에 있는 국경 순찰차에게 다시 연락해 보도록 하겠습니다."

늘상 느끼는 거지만 한 나라에 대한 이미지는 이런 데서 결정된다. 초조하게 앉아 있으려니까 여권과 직원은 사무실의 컴퓨터를 내주면서 -(업무가 끝난 시간이니) 한국의 친구들에게 이메일이라도 보내는 것이 어떻겠냐고 제의한다.

하지만 그날의 잔업을 처리하면서 그가 계속 다른 사람의 컴퓨터를 계속 빌리는 것으로 보아 결코 남아도는 컴퓨터는 아니었으리라.

물품 검색팀의 누군가가 저녁을 먹으러 숙소로 가자고 초대했다.

나를 위해 발휘하겠다는 요리솜씨는 인스턴트 치킨 스테이크와 가스렌지에 데운 빵. 이틀 후에는 집으로 돌아가기 때문에 음식이 남아돈다고 무조건 먹으란다.

숙소는 가장 좋은 방으로 배정받았다. 관리팀 사람들은 노트북 문제로 내가 할 수 있는 일은 아무것도 없으니, 무조건 마음 편하게 있으라고 했다.

저녁에는 관리팀 아저씨네 아이들과 탁구를 쳤다. 아저씨는 8일간 가족들과 떨어져서 일하는 것이 싫어 아이들을 데리고 왔다는데, 꼬맹이의 탁구 실력이 상당하다.

야채와 고기가 잔뜩 들어간 스파게티를 얻어먹고, 부엌을 몽땅 청소했다. 힘들어서 소파에 쓰러져 있는데 탁구를 치던 직원들이 나를 보고 웃더니, 관리팀의 직원들은 모두 교체되니 다시는 청소하지 말란다... 진작 말해 주지 웬수들.

그날 저녁.

여행지에서는 신분이 확실한 공무원하고만 친구하라는 여권과 직원이 나를 찾아왔다.

"칠레에 대한 감상이 어때?"

"칠레? 좋지. 사람들 좋고, 사막 풍경 아름답고, 먹을 거 풍부하고. 국경 직원 친절하고. 나중에 여행자들이 물으면 추천해 줘야지. '휴가는 칠레 국경으로 가세요. 방 공짜이고, 바람은 시원하고, 직원들은 최상의 서비스를 제공합니다.'"

"하하. 고마운 말이군. 근데 리오, 나쁜 소식이야. 순찰대가 다시 확인해 보았지만 그 사람들은 노트북이 없다고 했어."

"…."

직원은 내일 그 사람들이 돌아오면 검색팀이 노트북을 찾아줄 거라 위로했지만 메모리 걱정에 잠이 오지 않았다.

여행을 하다 보면 한두 번 도난당하는 것이 상식이라고 나는 농담처럼 말해 오지 않았던가? 그 사실을 누구보다 잘 알고 있으면서, 나는 왜 복사해 둔 메모리를 작은 가방에 함께 넣어 뒀던 것일까?

다음 날 아침.

경찰 사무실에서 빈둥대고 있는데 무선연락이 들어왔다.

"찾았습니까? 오늘 노트북이 돌아올 수 있을까요? 내일이요? 부탁합니다. 오늘 이쪽으로 오는 여행자에게 맡겨 주세요."

"좋은 소식입니다. 노트북을 찾았습니다. 신원확인을 쉽게 하기 위해서 아르헨티나에서 넘어오는 마지막 여행자에게 맡길 겁니다. 저녁 5시나 6시 경에 노트북은 돌아올 겁니다."

"확실한 건가요? 그러니까 지금 제 노트북을 경찰이 가지고 있는 거죠? 와우! 역시 차 안에 두고 내렸던 거였어요. 뒷좌석에서 찾았겠죠?"

경찰의 표정이 조금 어두워졌다.

"처음부터 그 사람들이 가지고 있었습니다. 노트북이 없다고 거짓말을 했고요. 국경순찰대가 가서 검색을 요구했습니다. 노트북이 나오면 절도죄라고 했더니 화를 내면서 내어줬다고 하더군요."

"…그 사람들은 오늘 돌아오나요?"

"알 수 없습니다. 아마도 가능하면 돌아오고 싶어지지 않을 거예요. 돌아오면 절도죄로 처벌받는다는 것을 알고 있으니까요."

나는 나에게 친절했던 그들에 대해 생각했다.

"하지만 꼭 절도라고 말할 수는 없잖아요. 가방을 뒷좌석에다가 두고 내린 건 저였고요. 히치하이크를 했으면서도 부주의했던 건 제 잘못이지요. 그 사람들은 차 뒷좌석에서 제 노트북을 발견하고 분명 행운이라고 생각했을 거예요. 길에서 돈을 주운 것처럼요. 그 후 노트북이 없다고 거짓말은 했지만 분명 절도라는 생각까지는 못했을 테지요. 어제까지만 해도 정말 좋은 친구였습니다. 제 무거운 짐을 보고도 차에 타라고 했고요, 하루 종일 히치하이크를 하느라 배가 고팠겠다면서 먹을 것을 주었지요. 그리고 국경에서 자게 되면 식당이 없다면서 남은 바나나를 모두 주고 갔어요. 그 사람들은 아이들을 모두 키운 기념으로 제2의 신혼여행을 즐기는 중이었어요."

"하지만 분명 경찰한테 거짓말을 한 만큼 절도죄가 성립됩니다. 원하신다면 그 사람들 전기고문도 시켜드릴 수 있습니다."

"저기요? 칠레 국경에는 전기의자가 있나 보죠?"

"없습니다."

다음 날.

아침 7시에 국경을 지나가는 차가 가장 많다는 정보를 듣고서도 나는 늦잠을 자고 말았다. 부리나케 가방을 끌고 숙소를 나가 보니, 오늘 아침에 히치하이크로 국경까지 와서 또 다른 차를 히치하이크하고 있는 라이벌이 둘이나 있다. 칠레인 한 명. 미국인 한 명.

"어디까지 가시나요?"

"상환이요."

"상환 다음엔요?"

"우리는 오늘 상환까지만 가요. 거기서 텐트로 하룻밤을 묵은 다음, 내일 라세레나로 돌아갈 겁니다."

"오늘 히치하이크로 상환까지 가면 이미 밤이 되어 있을 텐데요? 내일 라세레나로 돌아가려면 새벽에 움직여야 할 테고요. 상환에 가는 의미가 있나요?"

"우리는 진짜 여행을 하고 있는 것이 아닙니다. 라세레나(칠레)에 살고 있는데 주말을 이용해서 그냥 히치하이크로 상환(아르헨티나)까지 갔다가 히치하이크로 돌아오는 것이 목표에요. 라세레나에서 히치하이크로 여기까지 오는 데 이틀 걸렸습니다. 월요일 오후에는 출근해야 하니까 내일은 버스를 타고서라도 돌아가야 해요."

... 세상에는 정말 알 수 없는 여행자가 많은 것 같다.

아무튼 히치하이커들과 수다를 떨면서 과자를 먹고 있으려니 히치하이크는 점점 더 어려워진다. 세상에 공짜가 없다는 말은 이런 데서 느끼게 된다. 차가 드문 곳에서도 뜨거운 태양 아래 힘들게 서 있으면 많은 사람들이 차를 세우고 행선지를 물어보는데, 이렇게 차가 많고 외길인 곳에서도 과자를 먹으며 수다 떨다가 차를 태워달라는 나에게는 모두가 딱 잘라 "노!"라고 대답한다.

국경 직원들도 나를 보더니 히치하이크는 실패할 것 같다며 내일 자기들과 함께 칠레로 돌아가자고 놀려 대기 시작한다.

국경이 닫히기 전, 마지막 차들이 들어오는 오후 시간.

지프차 한 대가 아르헨티나 쪽에서 들어오더니 돌아서서 칠레 쪽 외딴 곳에 멈춰 섰다. 칠레 쪽인가? 아르헨티나 쪽인가? 긴가민가하면서도 히치하이킹을 하려고 달려갔다가 당황하고 말았다.

잔뜩 굳은 표정으로 내려서는 두 사람.

분명 나를 봤으면서도 무시하듯 여권과에 줄을 섰다. 신분증을 기다리면서도 힐끔힐끔 나를 보는 것이 나를 기억하는 것이 분명했다. 어디에 있어야 할지 몰라 안절부절 못하는 나에게 검색팀 직원이 다가와 말을 걸었다.

"여행을 하다 보면 정말 많은 사람들을 만나게 되지요? 좋은 사람, 나쁜 사람, 이번에는 나쁜 사람을 만났네요."

"하지만 저 사람들은 좋은 사람들이었는걸요? 제가 가방을 두고 내려서, 거짓말을 하게 만들었고, 하지만 도둑은 아니잖아요. 히치하이크를 하는 저에게 차를 세워 준 친절한 사람들이었는데, 오히려 제가 저 사람들한테 정말 미안하고, 노트북 때문에 마음고생을 했지만 저 사람들의 거짓말을 충분히 이해할 수 있다고 어떻게 말을 해야 할지 모르겠어요."

"… 아까 경찰팀에서 하는 말을 들었는데, 당신 생각도 있고 해서 절도죄로 처벌하지 않고 그냥 신분증을 돌려주기로 했대요. 원하신다면 말을 한번 걸어 보세요."

나는 한가해진 검색팀 사람들과 대화하는 척, 그들이 세워 둔 차 앞에서 한참을 기다렸다. 많은 말을 하고 싶지도 않았다. 그냥 웃으면서 "좋은 여행되세요!"라고 말하고 헤어지고 싶었다. 하지만 나를 본 그들의 얼굴은 순간, 붉게 달아올랐다. 한순간 표정에서 비친 마음의 부끄러움! 그리고 자신들도 어쩔 수 없었던 커다란 분노! 노부부의 험악한 표정에 내 얼굴도 붉게 달아올랐다.

'쾅~!!!'

커다란 소리와 함께 차문이 닫히면서 시동 거는 소리가 들렸다. 지프차는 한 치의 여유도 두지 않은 채, 빠른 소리를 내며 저 멀리 사라지고 있었다.

한참을 우두커니 서 있는 나에게 검색팀 직원들은 어깨를 두드리고 자신의 업무로 돌아갔다.

어느 덧 세상은 서서히 어두워지고 있었다. 국경 사무실의 불들은 하나둘 꺼지기 시작했다.

...만약 시간을 되돌릴 수만 있다면 언제로 돌아가야 하는 걸까?

아마도 그 노부부는 다시는 낯선 사람들에게 멋진 웃음을 보여 주거나 친절을 베풀지 않을 것이다. 그리고 거리의 히치하이커들을 볼 때마다 오늘의 일을 떠올리게 될 것이다. 그들에게 있어 어느 동양인 히치하이커의 기억은 부끄러움과 분노로 가슴에 남아 버렸을 것이다.

이것은 살아오면서 내가 저지른 단 한 번의 실수가 아니었다. 나는 몇 번이나 같은 부주의를 저지르고 아차 하다가도 잊을 즈음에는 또 다시 같은 실수를 반복하곤 하였다.

나는 또 내 경솔한 성품에, 오만한 판단에, 덜렁대는 성격에 얼마나 많은 사람들을 상처 주고 후회하며 살아왔던가.

나는 가끔 사람들이 가지고 있는 천성과 인간의 유전자에 대해 생각해 볼 때가 있다. 사람의 유전자가 결정되어 있고, 환경이 결정되어 있다면 우리가 할 수 있는 것은 아무것도 없을 것이다… 그리고 그렇기 때문에 내가 이렇게 못난 사람인 것이 아닌가 하는 변명과 함께.

내가 저지르는 멍청한 실수들과 상처는 어디에서 기인하는 걸까?

…어쩌면 나는 운명론자인지도 모른다. 어쩌면 나는 내 사소한 잘못들을 운명으로 탓하고 싶어 하는지도 모른다.

그리고 오늘도 한순간의 좋은 인연을 나쁜 인연으로 만들고 상처를 만들어 버리는 부주의한 성격에, 삶의 굴레처럼 반복해서 각인을 찍어 버리는 경솔한 성격에…

나는 정말로 내 유전자를 쳐다보며 울고 싶어져 버렸다.

내 생애 괴로웠던 순간

'콰르르릉~ 콰르르릉~ 콰콰콰콱!!!'

빙벽을 깊이 찍지 못한 탓에 내 몸은 빠른 속도로 추락하고 있었다. 순간이 영원처럼 느껴졌던 그 순간, 몸에 감겨 있던 로프는 엄청난 반동과 함께 내 몸을 죄어 왔다. 두꺼운 등산복 너머로 살 속을 파고드는 고통이 전해져 왔다.

간신히 줄 끝을 움켜잡고 대롱대롱 매달린 채, 가까스로 몸을 추스리고 아래를 내려다봤다. 오를 때는 가파른 경사인 줄 알았건만 지금은 절벽처럼 느껴지는 낭떠러지. 몇 가닥도 안 되는 팔 근육과 다리 근육은 이미 경련을 일으키고 있었다.

"꼬마! 정신 차려! 난 널 끌어올릴 수 없어! 이러다 죽는다고!"

머리 위에서 가이드가 소리쳤다.

호흡이 가빠졌다. 이미 폐 속에는 차가운 공기가 침투하고 있었다.

해발고도 5,000m 지점에서 맞이하는 죽음의 공포, 의식의 확장, 깨달음의 경지...

나는 가끔 내가 이것을 어린 시절에 경험했더라면 지금쯤 무엇이 되었을까 생각해 보곤 한다.

죽음을 인식하는 순간 확장되던 의식들. 이 놀랄 만한 경험들은 안전한 일상 속에서 다시 축소되곤 했지만, 반복되는 경험 속에 나는 서서히 의식을 넓혀가고 있었고, 이 모든 것들은 내 삶을, 나 자신을 변하게 만들고 있었다.

'쿠르르르! 쿠르르르룽! 콰아아아아앙!!!'

눈앞에서 천지가 진동했다. 나는 안전 수칙도 잊은 채 텐트 밖으로 뛰쳐나갔다. 옆 봉우리에서 시작된 눈사태는 멀리 있던 산까지 사나운 기세로 무너뜨리고 있었다. 세상 모든 것을 집어삼킬 듯, 거대한 눈 폭풍의 잔해가 눈앞의 공기까지 흔들고 지나갔다.

그 우주를 무엇으로 표현할 수 있을 것인가… ! 수십억 년의 역사와 함께 끝없이 살아 숨쉬는 에너지의 파동…

…거대한 눈사태가 멎고, 하늘은 고요했다.

낮 시간의 모든 것이 사라진 듯, 밤에는 평화가 찾아왔다. 사하라 사막이나 알래스카에서조차 볼 수 없었던 우윳빛 하늘, 새하얀 세상…

우주의 별들이 빠른 속도로 흘러간다. 마치 하늘에 흩뿌려졌다는 헤라 여신의 젖줄기[*Milky way: 은하수]처럼. 온 세상을 밝혔던 별들이 구름 속으로 사라졌다. 그리고 사나운 바람만이 회오리치고 있었다.

고요하면서도 격변했던 신들의 시간. 칠흑 같은 블랙홀…

나는 문득 우주 미아가 되어 암흑 속에 서 있는 자신을 발견한다.

그리고 긴긴 신들의 시간이 지나고 다시 땅 위에 사소한 것들이 드러났을 때, 나는 별빛만으로도 존재하는 세상이 있다는 것을 깨달았다.

마음속에서는 작은 탄성이 새어 나왔다.

그것은 최소 5,000m, 6,000m, 7,000m 지대에서만 만날 수 있는,

그것도 신이 허락한 순간에만 경험할 수 있는,

그것이 내가 산을 사랑하는 이유의 전부였다.

그리고 그것 때문에 얼마나 많은 사람들이 산에 묻혀 갔는지, 또 얼마나 많은 사람들이 그 죽음을 기록 놀이로 오해하고 있는지를 알고 있기에, 나는 안데스를 마지막으로 산과는 작별을 고할 생각이었다.

안데스의 최고봉 아콩카과의 기점 도시 멘도사.

나는 이곳에서 2주일을 머물며 아콩카과에 대한 정보를 입수하기 시작했다. 날마다 사무실에 들려 얼마나 많은 등산객이 입산 허가증을 받아가는지를 눈으로 확인하고, 다국적 등산가이드가 입산 허가서를 받으러 올 때면 아콩카과에 대한 정보를 물어보곤 하였다.

[*주: 다국적 등산가이드: 아콩카과 등산을 전문으로 하지 않고 세계의 유명한 산을 모두 돌아다니는 전문 가이드로서, 이들은 아콩카과밖에 모르는 현지 가이드들에 비해 좀 더 객관적인 시각을 제시해 준다.]

산의 정상에 오르겠냐는 나의 질문에 모두가 어리석은 질문이라고 구박을 한다. 우리는 그런 식의 숫자가 아무런 의미가 없다는 것을 잘 알고 있다. 하지만 아콩카과 노말루트는 안데스의 험난함을 갖추지 않은 길이었다. 7,000m급의 고산이라는 것만 고려하지 않는다면, 전문 가이드나 산악 장비는 굳이 필요하지 않다는 것이 다국적 가이드들의 공통된 의견이었다.

문제는 4,400m에 위치한 베이스캠프에서 터졌다. 안구건조증을 호소하러 갔다가 오히려 중증 진단을 받은 것이다. 나를 진찰한 의사는

내가 지금 앞을 볼 수 없는 상태라고 말하며, 이 상태로라면 곧 장님이 될 것이라고 했다. 나는 내가 받은 라섹 수술과 빛 번짐 현상에 대해 설명했지만, 그는 라섹 수술을 모르고 있었다. 그리고 내 눈에서 처음 발견했다는 아콩카과의 자외선 효과에 대하여 흥분하여 장황하게 설명하기 시작했다. 그리고 내 눈의 문제는 자외선 때문이 아니라, 라섹 수술 때문이라는 항변에 "네가 의사야? 내가 의사야!"라는 말로 모든 것을 일축해 버렸다.

그리고 나는 그날 라섹 수술을 모르는, 그리고 모든 것이 고산이기 때문이라고만 해석하는 고산 전문의에게 입산 허가서를 빼앗기고 말았다.

... 나는 베이스캠프에서 그렇게 1주일을 기다렸다.

내 분통을 터지게 만든 것은 결국 의사들과의 감정 대립이었는지도 모른다. 마지막 날에는 다른 의사가 내 눈을 진찰했는데 그가 나에게 "어제보다 나아졌군요. 내일 봅시다."라고 말했기 때문이었다.

단 한 번도 내 눈을 진찰한 적이 없었으면서 어제보다 나아졌다고? 수년 전의 라섹 수술 때문에 안구건조와 빛 번짐 현상이 있는 건데 그게 하루 만에 나아졌다고?

무엇보다 의사들의 주장과는 달리 나에게는 세상이 너무나도 잘 보였다. 아무리 생각해도 장님이 될 징조는 보이지 않았다.

슬슬 두통이 몰려왔다. 그것은 지난 1주일간 등산 식량을 아끼기 위해 제대로 먹지 못하고 있던 탓이었다.

너무나도 화가 나는 마음에, 나는 레인저(산악경비원)에게 대들었다.

"의사는 도대체 무슨 권리로 내 입산 허가서를 뺏은 거죠? 난 이미 꼭대기까지의 입산 허가에 1,500$[*페소: 아르헨티나 화폐단위, $로 표기하고 페소로 읽는다. 약 60만 원]을 지불했는데!"

"하지만 여기서는 의사의 의견에 따라 주는 것이 규칙입니다. 그는 아마도 아가씨보다 더 많은 걸 알고 있을 거예요."

"저는 그 사람 의견에 동의할 수 없어요. 그 사람이 무슨 법인가요?"

"법은 아니죠, 법은 분명 아닌데, 그래도 의사가 규칙입니다."

"그러니까 법은 아니라는 거죠?"

"예. 법은 아닙니다. 하지만 그들의 의견에 따라 주는 것이 규칙이에요.."

나는 베이스캠프에서 일하고 있는 친구들에게 갔다.

그들은 한창 회의 중이었다. 몇 주 전 이 회사 소속 가이드가 4명의 등산객을 데리고 산을 오르다가 조난을 당하고 셋이 죽었다. 그날은 새벽부터 눈보라가 쳤다고 한다. 최종 캠프의 모든 등산객들은 그날의 등산을 포기하고 텐트 안에 있었는데, 유독 그만이 무리한 산행을 결정했다고 한다. 그건 누가 보아도 명백한 자살 행위였다. 하지만 그 이유에 대해서, 친구들은 끝끝내 말해 주지 않았다. 회의가 끝나자 친구들은 내게 말했다.

"리오! 우리는 내일 시신을 수습하기 위해 헬리콥터를 타고 올라가니까 네가 원한다면 네 등산 장비들을 최종 캠프에 올려 줄 수도 있어. 나는 네가 의사의 의견을 무시하는 것에는 찬성하지 않지만, 어쨌든 넌 충분히 오를 수 있을 거라는 생각도 들고, 원칙적으로 베이스캠프 위에서는 더 이상 입산 허가서가 필요하지 않으니까. 의사는 네 건강 상태에 대해 조언할 수 있을 뿐, 네 행동을 통제할 수 있는 권한 같은 것은 아무것도 없어"

의사는 처음부터 아무런 권한이 없었다고?

친구의 이야기를 듣는 순간, 그래도 다음 날 아침에는 의사의 진찰을 받아야 한다는, 그래도 최후까지 의사의 허락을 기다려야 한다는 착한 어린이 같은 생각은 머릿속에서 사라지고 말았다.

생각하면 생각할수록 의사들이 괘씸했다. 그렇다면 나도 그들을 무시해 주리라.

다음 날 아침, 나는 등산 장비를 꾸려 마지막 캠프로 올라갔다.

아콩카과 정상에 오르는 날 밤이었다.

나는 문득 그런 생각이 들었다. 여기서 아콩카과 정상까지는 평균 10시간. 하지만 이것은 장신 남자들의 이야기였다. 그들이 10시간 걸렸다면 나는 12시간 걸릴 것이 자명한 일이었다. 그렇다면 남들보다 1시간 먼저 출발하는 것이 좋지 않을까? 아니면 혼자 오르는 것이 위험할 것인가? 아콩카과의 길은 참으로 단순하다고 했다. 그리고 나는 사진으로 그 길을 모두 기억하고 있었다. 그렇다면 먼저 출발하여 천천히 걷다 보면 나중에 출발한 사람들과 어디선가는 만나게 되겠지.

나는 그렇게 4시간을 올라갔다. 그리고 오르면서 생각했던 것은 그날의 컨디션이 너무 좋았다는 것이다. 이 정도면 장신의 백인 남자들보다도 훨씬 빠른 속도일 듯했다.

그리고 마지막으로 바윗길을 올랐을 때, 나는 조금 당황했다.

'분명 여기가 꼭대기는 아닐 텐데…?

캠프를 떠나 온 지는 대략 서너 시간. 아무리 컨디션이 좋다 한들 벌써 아콩카과 정상까지 올랐을 리는 만무했다. 하지만 정상까지의 길은 단순해서 날씨 재해가 일어나지 않는 한, 길을 잃으려고 해도 잃을 수가 없다는 것이 다국적 가이드들의 의견이었다. 봉우리 뒤쪽으로 내려가는 길이 보였지만, 저곳은 다른 봉우리로 이어진 또 다른 길인지도 모르는 일.

나는 잠시 고민했다. 이곳에 대한 정보는 사진에서 보지 못했다. 아무리 안데스의 험난함을 갖추지 않은 아콩카과라 할지라도 위험이 도사리는 한, 약간의 가능성도 무시할 수는 없었다. 나는 여기서 그만 내려가기로 판단했다.

마지막 캠프를 지나 지름길로 내려왔다. 내 텐트는 두 번째 캠프에 있었다. 두 번째 캠프로 가는 길에 외딴 텐트가 있었고, 텐트 안에 불빛이 보였다. 사람들의 말소리가 들렸다.

"실례합니다. 여기가 어딘가요?"

"저기가 바로 두 번째 캠프고요, 우린 여기서 일하는 사람입니다. 아가씬 누군가요?"

"아, 바로 저기군요! 길을 잃었는줄 알았어요. 다시 올라가야겠네요. 아까 정상에 오른다고 꼭대기에 올랐는데 아콩카과가 아니었어요. 제가 길을 잃었나 봐요. 그건 무슨 봉우리였을까요?"

"아콩카과로 가는 길은 하나밖에 없어요. 아마도 가는 길목의 봉우리였을 거예요. 길을 잃은 게 아니라 거기서는 다시 뒤쪽으로 내려가야 해요. 우린 마침 코코아를 마시려던 참인데, 한잔 드시겠어요?"

"예. 고맙습니다."

나는 무거운 방설용 등산화를 벗고 가방 안에서 테니스 운동화를 꺼내 갈아 신었다. 나에게 코코아를 넘겨주던 아주머니는 갑자기 땅에 놓인 등산화를 빼앗았다.

"아가씨, 의사가 찾고 있다는 그 아가씨 맞지요? 무전기로 연락이 왔어요. 한국인 아가씨가 의사의 충고를 무시하고 산에 올랐으니 발견하면 내려 보내라는. 아가씨는 우선 의사한테 가서 눈을 진찰받아야 합니다."

"이봐요 아주머니. 제 눈에는 아무 이상 없다고요. 그냥 모른 척 해주시면 안 돼요?"

"안 돼요. 전 경비원에게 연락할 테니. 아가씨는 그 사람들 따라가서 우선 의사의 허락을 받으세요."

나는 아주머니와 한참을 실랑이를 했다. 하지만 그녀의 태도는 완강했다.

"경비원이 오는 데 얼마나 걸리지요?"

"아마도 20분 정도."

"내려오는 길은 10분 거리 아닌가요?"

"지금 연락할 거예요. 그들도 자고 있을 테니까요."

좀 미안한 마음이 들었다.

"지금 몇 시인가요?"

"세시 반 정도. 텐트 안으로 들어와 기다리실래요?"

"아뇨, 괜찮아요. 20분 정도라면, 그냥 여기서 기다리지요."

아침이 밝았다. 발이 아파서 걸을 수가 없었다. 나는 20분이면 경비원이 온다는 말을 믿고서, 몇 번이나 다시 취해진 무선 연락의 대답만을 듣고서, 4시간을 눈 덮인 텐트 밖에서 기다렸던 것이다.

경비원이 잠시 발을 녹일 시간을 줘도 좋을진대, 그는 내 허리에 밧줄을 묶더니, 시간이 없다면서 넘어져도 좋으니 걸으라고 말했다.

마음속에서 울컥 하는 것이 올라왔다.

그렇게 긴 시간을 걸어서 내려왔다. 의사는 나를 추방하겠다고 말했다.

"이봐요! 의사! 당신이 무슨 권리로 나를 추방하죠? 내가 당신 의견을 무시했다는 건 알아요. 하지만 당신 역시 내 얘기는 듣지도 않았..."

"당신은 아콩카과에서 죽을 뻔 했단 말입니다! 정말 당신 뻔뻔하군!"

"뭐가 죽을 뻔 했다는 거죠? 내 눈에는 아무 이상 없어요. 나는 최고의 컨디션을 가지고 있었고 내 눈에는 아무 이상이 없... "

"나는 당신과 더 이상 할 말이 없습니다. 내려가서 경찰하고나 얘기하시죠!"

나는 그렇게 아콩카과에서 추방되었다.

그리고 그렇게 멘도사로 가자마자 국립병원으로 가서 안과 전문의에게 내 눈의 안구건조와 빛 번짐 현상에 대해 설명하였다.

내 눈은 라섹 수술로 인해 빛 번짐 현상과 건조증이 있을 뿐, 의사의 추측대로 자외선으로 상한 것이 아니라는 것을 설명했고, 안데스에서 6,000m 이상을 여러 번 올랐어도 이상을 느낀 적은 한 번도 없었다고 여러 번 강조했다. 나는 내 눈에 아무 이상이 없다는 안과 전문의의 소견서를 받아 아콩카과 사무실을 다시 찾았으며, 아콩카과에 돌아가기 위해서... 나는 또 그렇게 1주일을 허비했다.

그렇게 정신없이 아콩카과 사무실을 찾아다니고 있는데 누군가가 불러서 돌아보니 다국적 등산가이드인 데이비드다.

"리오(한국인 꼬마)! 어찌 된 일이야?"

반가운 마음에, 그리고 억울한 마음에 나는 데이비드에게 달려가 품에 안겼다. 그리고 울음을 터뜨렸다. 39살의 데이비드는 내 어깨를 토닥이며 내게 말했다.

"미안, 리오. 내가 너에게 아콩카과에 대한 정보를 줄 때, 네가 아직 어리고 조그맣다는 걸 간과한 거 같아. 미안, 정말 유감이야.

리오, 대부분의 산악인들은 산에서 내려오다가 사고를 당하지. 그들은 언제나 산꼭대기만 생각하고 자신의 모든 에너지를 산에 오르는 데 모두 쏟아 버리거든. 내려올 때도 에너지가 필요하다는 것을 잊고 말아. 사람들은 산에 오른 순간 모든 것이 끝났다고 생각하지만, 사실 진짜 정상은 산꼭대기가 아니야. 산에서 내려와 너를 사랑하는 사람들의 품에 무사히 돌아오는 순간, 그 순간이 진정한 정상인 거지. 우리는 그때 산을 올랐다고 말할 수 있는 거라고. 정말 유감이야, 리오. 산에서 혼자 얼마나 춥고 무서웠니?"

"데이비드, 무슨 말이에요? 춥고 무서웠다니? 난 눈에 이상이 있다는 의사의 말을 무시하고 산에 올랐다가 추방당한 거라고요. 도대체 산에서 무슨 말을 들은 거죠?"

"의사의 소견을 무시했다가? 그 얘기는 대충 들었어. 그리고 넌 산속에서 널 찾아다니는 경비원들을 피해 이리저리 도망 다녔고, 마지막 날 산속에서 누군가에 의해 발견되었는데 추위에 온몸이 얼어 있었고, 죽음에 대한 공포로 정신이 나가 있어서 경비원들이 밧줄로 묶어서 데려 와야 했었다고…"

순간 머릿속에 스치는 생각이 있었다. 내가 아콩카과에서 추방당했을 때 사인했던 서류였다.

"당신은 아콩카과의 법에 의해 1년간 아콩카과에 돌아올 수 없습니다. 여기에 사인하십시오."

"전 스페인어를 읽지 못해요. 내용을 모르는 서류에 사인을 할 수는 없어요."

"저도 영어를 잘하는 편은 아닌데 대충 읽어 드릴게요. '당신은 한국인으로 누구입니다. 의사는 당신에게 눈에 이상이 있으니 산에 오르지 말라고 충고했고, 생명이 위험할 수 있다고 충고했습니다. 몇 월 며칠 당신은 의사의 진료를 받지 않은 채 베이스캠프에서 사라졌고, 며칠 뒤 당신은 아콩카과에서 일하는 사람에게 발견되어 무전기로 연락이 취해졌다 대충 그런 내용입니다.'"

...의사의 소견을 무시했다는 정도로 추방당할 정도라니.

무언가를 설득하고 변명해 보고 싶었지만, 그들의 태도는 너무나도 진지했다. 나는 내가 너무 경솔했음을 뼈저리게 느끼고 있었다.

라섹 수술을 모른다 할지라도 의사의 충고를 무시한 것은 분명 내 잘못이었고, 그들의 엄한 태도를 보았을 때 추방을 피할 수 있는 길은 아무것도 없어 보였다.

나는 스페인어로 된 서류에 사인을 하고 추방당한 채 멘도사로 돌아왔다. 하지만 그대로 돌아갈 수는 없다는 생각에, 이대로는 억울하다는 생각에 이스라엘 친구들의 도움을 받아 국립병원 안과 전문의의 소견서를 받았고, 아콩카과 의사가 라섹 수술에 대해 전혀 모르고 있으며 내 설명은 전혀 듣지도 않았다는 점을 강조하며 아콩카과 의사의 문제점을 잡고 늘어졌을 뿐이었다.

나는 그동안의 사정을 데이비드에게 설명했다. 그는 눈살을 찌푸렸다.

"나는 누구 말을 믿어야 할지 모르겠어. 하지만 리오. 만약 네 말이 사실이라면... 네 말이 사실일 수도 있지. 아콩카과에서는 한 해에 평균 1~2명이 죽는데 올해는 이미 6명이나 죽었거든. 잘은 모르겠지만 어쩌면 아콩카과의 올해 팀은 자신들이 얼마나 열심히 일했는지 그것을 보여 주는 소문과 서류가 필요할 거야. 하지만 잘 모르겠어. 그 좋은 사람들이… 너도 알잖아? 그 사람들이 얼마나 좋은 사람들인지를."

"저도 알아요. 그들이 정말 좋은 사람들이었다는 거. 만약 그들이 단순히 거만쟁이였거나 부패한 사람들이었다면 추방이라는 기록이 이렇게 창피하거나 뼈아프지는 않을 거예요. 나도 정말 그들을 좋아했었다고요!"

데이비드와 헤어져 나는 숙소로 뛰어갔다. 호텔 주인을 붙잡고 내가 사인한 아콩카과 추방서의 내용을 해석해 달라고 했다.

추방서를 읽어 보더니 난처한 표정을 짓는다.

"이건 전문 용어들이라 내 영어 실력이 그다지."

"정확한 내용은 필요 없어요. 대충 무슨 내용이 있는지만 말씀해 주시면 돼요. 분명 이 서류에는 뭔가 거짓말이 쓰여 있을 거예요."

"그러니까 여기에는, 당신은 한국인으로서, 누구입니다. 몇 월 며칠 의사는 당신에게 눈에 이상이 있으니 산에 오르지 말라고 충고했고, 만약 당신이 산에 오르면 당신의 일행까지도 위험에 빠뜨릴 수 있다고 충고했습니다. 몇 월 며칠 당신은 의사의 진료를 받지 않은 채 베이스캠프에서 사라졌고, 몇 월 며칠 두 번째 캠프에서 경비원을 만나 산에서 내려갔으나, 그날 저녁 베이스캠프에 도착하지 않았습니다. 몇 월 며칠 자정 경에 어느 등산객이 당신을 발견했는데 그의 이름은 누구입니다. 그의 증언에 의하면 당신은 배고픔과 추위에 떨고 있었습니다. 그는 당신에게 산을 내려가라고 충고했지만, 당신은 듣지 않았습니다.

몇 월 며칠 당신은 어디어디에서 발견되었고, 경비원들을 피해 혼자서 산속을 헤매다가 길을 잃은 것으로 보입니다. 당신을 발견한 아콩카과의 일꾼이 즉시 경비원에게 무전기로 연락하였고, 경비원들이 당신을 데리러 왔을 때는 추위와 죽음에 대한 공포로 주변을 제대로 인식하지 못하는 상황이었습니다. 온몸이 얼어 스스로 걷지 못하는 상황이었기 때문에 그들은 당신을 줄로 묶었고…."

더 이상 들을 필요가 없는 얘기였다.

이것이었구나. 내가 그렇게 의사 소견서와 함께 억울함을 호소해도 모두들 내가 아콩카과로 돌아갈 수 없다고만 대답했던 이유가.

그들은 모두 서류를 읽고 무슨 일이 일어났는지를 판단했다. 이런 상황이었다면 내 눈의 상태, 의사 소견서가 중요한 것은 아니었다. 게다가 잔뜩 흥분한 상태로 형편없는 스페인어 실력으로 억울함을 호소했으니, 그들이 나와 진지한 대화를 하고 싶다는 생각도 안 했음도 분명하였다.

그렇게 분통이 터지는 상황에서 나는 당장이라도 아콩카과로 돌아가 경비원들을 붙잡고 그들의 근무태만과 거짓 보고, 그리고 그들과 무슨 일이 있었는지에 대해 한바탕 따지고 싶었다.

하지만 모든 것이 끝나 버린 상황에서 그들을 만날 수 있는 길은 아무것도 없었다. 나는 이미 거짓 서류에 사인을 했고, 그 서류를 들고 아콩카과의 담당자들을 만났기 때문이었다.

그리고 나는 결국 거짓 보고를 했던 경찰이 나에 대한 기록을 꾸리는 동안, 내게 다가와 키스를 하고 싶다는 등 수작을 부렸다는 불평조차 하지 못했다.

한국에서는 경찰이 그런 말을 하면 성희롱으로 잘린다고 말해 주었지만, 당시 그는 신경 쓰지도 않는 눈치였고, 추방당하던 당시 내게 호의적으로 서류를 작성해 주던 경찰과는 문제를 만들지 말아야 한다는 것이, 그때의 솔직한 심정이었기 때문이었다.

하긴 뭐, 그런 얘기를 해 봤자 나도 적당히 수작을 받아 줬을 것이라는 오해와 함께 골빈 여자 취급을 받을 것도 뻔했겠지만.

하지만 그 모든 것을 뒤로 하고 억울함을 뒤로 하더라도,

남의 나라 국립공원에서 추방당했다는 결과는 내 경솔함과 건방짐이 가져온 너무나도 아픈 기억임을 부인할 수가 없다.

나는 라섹 수술을 모르고, 내 설명은 듣지도 않는다는 이유로 아콩카과가 부여한 의사의 전문성과 권위를 무시했으며, 산을 내려가라는 경비원의 명령도 무시했다는 것을 인정하는 데에 많은 시간이 걸렸다.

사실 나는 알고 있었을 것이다. 내 눈에 정말 이상이 없는 거라면 시간이 해결해 줬을지도 모르는 의사 소견을 좀 더 기다려야 했다는 것을….

어둠 속에서 문이 열렸다. 함께 국립병원을 찾아주었던 나이가 많은 이스라엘 친구 '가이'였다. 그는 내 침대에 앉아 머리에 손을 얹었다.

"리오? 자는 거야?"

"아니. 잠이 안 와. 억울해서 머릿속이 터질 것만 같다고. 여기서 내가 무얼 해야 하는 걸까?"

"무얼 할 수 있는데?"

"우선 나에게, 새벽 3시경에 일꾼들 텐트에서 찍은 사진이 있어. 겨우 10분 거리에서 경비원이 나를 4시간이나 기다리게 만들었다는 걸 증명할 수 있겠지. 아니 뭐, 그들의 무전 기록이 있는지도 물어볼 수도 있을 테고, 그들은 정신 나간 나를 발견했다는 증인을 제시하지도 못

할 거야. 내가 정신 나갔었다고 한 경찰 녀석이 조서를 꾸밀 때 경찰 문양이 들어간 서류종이에 사랑고백과 하트를 그려 줬는데, 이건 성희롱이나 근무 태만 같은 거에 안 걸리나?"

"리오. 아까 우리 이스라엘 여행자들이 모여 이야기를 했어. 아직 증거와 증인들이 사라지지 않았을 테니. 만약 네가 원한다면 우린 모두 아콩카과 사무실에 가서 진상규명을 위해 싸워 줄 수 있다고.

싸우는 사람이 너 하나라면 그들은 콧방귀도 안 뀔 거야. 하지만 우리 여행자들이 모두 몰려가 책상 앞에서 시위라도 한다면? 아마 사람들은 우리 이스라엘이 난리친다고 또 욕을 하겠지. 그들이 우리를 얼마나 미워하는지 우리도 잘 알고 있어. 하지만 그렇기 때문에 그들은 결코 우리를 무시하지는 못할 거야. 이것이 바로 이스라엘이니까."

"고마워 모두들. 나는 정말 너무 많은 도움을 받는구나!"

"아니 괜찮아. 우리 모두 너를 좋아하고 너를 돕는 것이 옳은 것이라고 생각하니까. 하지만 리오. 그전에 나는 너에게 하나 묻고 싶은 것이 있어. 만약 네가 싸워서 이긴다면? 너는 무얼 원하지? 이미 아콩카과의 성수기 시즌은 끝나가고 있고 그들은 곧 철수하게 될 거야.

만약 네가 이긴다면 넌 명예회복을 하게 되겠지. 하지만 그 외의 것들도 생각할 필요는 있어. 사람들이 너를 좋아하는 이유를 알아? 네가 스페인어도 잘 못하는데 이곳에서 사람들에게 영리하고 친근하게 대하기 때문이야. 물론 이런 억울함 앞에서 착할 필요는 없어. 하지만 아콩카과의 네 친구들은? 아무리 그들이 잘못했다고 한들 아콩카과에서 일하는 그들이 네가 공권력을 이기고 난다면 진심으로 너를 계속 좋아해 줄 수 있을까?"

가이의 충고에, 마음속에서는 알 수 없는 원망이 솟아올랐다.

"가이. 너는 추방이라는 단어를 나보다 쉽게 생각하는 것일까? 나는 말이지, 누군가가 남의 나라 국립공원에서 추방당했다고 한다면 이유를 불문하고 그의 경솔함을 탓할 거야.

게다가 거긴 해발고도 7,000m급의 아콩카과였다고, 마리화나도, 심장에 직접 꽂는 아트로핀 주사도 모두 합법적인 그곳에서, 도대체 어떤 잘못을 저지르면 추방당할 수 있다는 거지? 물론 나 역시 내가 경솔했었다는 걸 인정해. 하지만 그때 무얼 할 수 있었을까? 아무런 이상 없는 내 눈을 놔두고서 아콩카과 등산을 포기해야 하는 거? 물론 나도 알아. 기다릴 수 있었다면 좀 더 기다려야 했다는 거. 하지만 기다려도 안 되는 일이었다면? 내 식량은 거의 떨어지고 있었는데 베이스캠프에서 그렇게 1주일을 붙잡혀 있었다면, 너라면 초조하지 않겠어?

만약 내가 억울함을 증명할 수 있다면, 아마도 경찰은 해고당하고, 아콩카과 고산전문의의 권위는 떨어지겠지. 나도 그런 것을 바란다는 게 아니야. 하지만 나는 진심으로 명예회복을 원해. 설사 이것이 이기기 힘든 싸움이라 할지라도. 그리고 아콩카과 친구들이 나를 미워하게 되고, 지금 당장 모두가 불행해지는 결과를 초래한다 하더라도, 아콩카과를 위해서라도 이런 건 짚고 넘어가야 하지 않을까?"

"화내지 마. 리오, 나는 그냥 너에게 여러 가지 가능성을 가르쳐 주는 거야. 리오. 사람들은 용서를 최고의 미덕이라 생각하지. 그리고 용서는 강한 자만이 할 수 있는 것이라고 생각하니까.

예를 들어 우리 이스라엘을 생각해 봐. 테러범들은 계속 이스라엘 이민자들을 노렸고, 여자나 아이들도 무참히 죽였지. 한 마을에서 수십 명씩 죽었다면 너라면 용서할 수 있겠니?

우리는 테러를 막기 위해 전쟁을 시작했는데, 그들은 필사적으로 대항을 했고, 점점 강압책을 쓰고 있는 우리는 국제사회에서 점점 고립이 되어 가고 있어.

나는 가끔 생각해. 정말 우리는 테러범을 놔둬야 했던 걸까? 그들은 계속 테러를 시도하고 있는데 우리가 훨씬 힘이 세니까 그냥 앉아서 당했어야 했던 걸까? 그런 생각이 들 때도 있지. 용서는, 힘이 있는 자들이 할 수 있는 거라고. 힘이 없다면 그건 용서가 아니라 그냥 당하는 것일 뿐이라고. 하지만 그래... 진정한 용서는 내가 생명의 위협을 당하는 상황에서 용서할 수 있다면 그것은 사람이 아니라 신일뿐이라고. 아, 나도 잘 모르겠다. 네게 무슨 말을 하려는 건지."

"아니, 무슨 말을 하려는지 알 것 같아. 차라리 아무것도 할 수 없다면, 이스라엘이 힘이 없어서 테러범들에게 당하기만 했다면 국제사회에서 이렇게까지 미움 받지는 않았을 거라고 말하고 싶은 거지?

하지만 이스라엘과 내 입장은 분명히 달라. 이스라엘은 너무 강했어. 적어도 너희들은 과잉 방어 이상이었다고. 사실 팔레스타인 전쟁에서도 아무리 명분을 내세운들 진짜 본심이 정말로 정의로왔다고 자신할 수 있어? 그리고 나는 이 싸움에서 약자야. 성모 마리아나 부처님도 아니지. 상처받고 분노하는 사람일 뿐인데, 게다가 이런 상황에서 내게 그런 마음을 바란다는 것은... 차라리 내가 경솔했으니 이곳에서는 이길 수 없는 싸움이라고 말해 주는 것이 훨씬 솔직해 보일 것 같은데?"

"알아. 화내지 마. 리오. 난 이번 싸움에 네가 질 것이라고 꼭 생각하지는 않아. 적어도 지금 너는 그들이 거짓 기록을 만들었다는 충분한 증거를 가지고 있으니까. 네 말이 사실이라면 그들은 그들 서류에 적은 등산객 증인을 제시하지도 못할 거야. 너는 다만 의사의 충고를 무시했을 뿐이고, 그들은 어떠한 구속력도 가지고 있지 않았어. 그렇기 때문에 거짓 증언과 기록을 만들었던 거지.

다만… 그래, 용서에 한해서는… 세상 그 누구도 그만한 그릇이 되지 못하겠지. 그리고 진정한 의미의 용서란 것이 어떤 것인지, 그리고 너의 용서가 그들에게 도움이 되는 것인지도 모르겠어. 무엇보다 지금 우리들의 고민을 저기 있는 이스라엘 친구들은 아마도 찬성하지 않을 테니까. 하지만 결국 우리는 인간이기에 무엇이 옳은지 아무도 모르는 거야. 네가 무엇을 선택하든지 간에 다만 지금의 이 고민이, 이 아픔이 언젠가는 너를 더 크게 만들어 줄 것이라 생각하기로 하자…"

가이는 내 머리를 쓰다듬고 방을 나갔다. 문 밖에서는 맥주 파티를 벌이며 내 이름을 부르는 왁자지껄한 소리가 들려왔다.

나는 화가 나서, 너무나도 화가 나서 밤새 눈물을 흘렸을 뿐이었다.

아콩카과에서 추방당하였던 그날 이후, 나는 내 인생에서 가장 괴로운 순간들을 보내야 했다.

억울하고 화가 나는 마음을 어쩌지 못해 인터넷 커뮤니티에서도 나를 공격하는 많은 사람들을 공격했으며, 소중한 사람들에게 상처를 주고, 더 큰 후회로 나 자신을 질책하게 만들었다. 나는 내가 7년 동안 사랑했던 여행 동호회에서 탈퇴해 버렸으며, 많은 사람과의 인연을 마음속에서 지워 버렸다. 그리고 그 후에도 나를 사랑하고 감싸 주고 싶어 했던 많은 사람들에게조차도 더더욱 예민하게 반응하게 되었다. 그리고 그렇게… 오랫동안 나를 사랑해 주었던 많은 사람들을 순식간에 잃어갔다.

… 솔직히 인정하는데, 나는 아직도 아콩카과 사람들을 진심으로

용서하지는 못하고 있다.

나는 아직도 거짓된 기록과 거짓으로 해석해 주었던 추방기록을 볼 때면 화나고 부끄러운 마음에 눈물이 날 것만 같다. 베이스캠프에서 함께 즐거운 시간을 보냈던 친구들은, 내가 의사의 조언을 무시했다가 조난당했다는 소문을 그대로 믿고 있을 것이다. 나를 모르는 수많은 등산객들은 내가 목숨을 구해 준 의사에 대한 고마움을 모른다고 욕을 했을 것이다.

나는 진실로 아콩카과 국립공원을 싫어하게 되었으며, 아마도 아콩카과에서의 아픈 기억은 삶에 대한 충고와 상처로서 가슴속에 오랫동안 남게 될 것이다. 아무리 가이의 말을 되새기려 노력해도, 그들로 인해 즐거운 시간을 보냈던 아콩카과 친구들에게 변명 한 마디 하지 못한 채, 헤어지게 되었다는 것이 내겐 잊을 수 없는 상처이기 때문이다. 여행지에서 만난 사람들과의 소중한 추억. 그것은 그 누구도 건드릴 수 없는 내 인생의 긍지였다.

나는 그때 끝까지 파고들지 않았던 내 행동에 대해 조금은 후회를 하고 있다. 그것이 설사 이길 수 없는 싸움이었다 할지라도 그것은 '용서'의 문제가 아니라, '진실'에 대한 문제였는지도 모른다는 생각 때문이다. 추방이라는 기록은 평생 기억 속에 남아 내 자신을 괴롭힐 수도 있음을 내가 너무 늦게 깨달았는지도 모른다.

어느 날 생물학을 전공했던 친구는 내게 그런 말을 했었다.

수십 년 전 우주를 떠돌던 작은 생명체들이 지구에 떨어졌고, 그때 떨어진 우리는 지금 지구라는 별에 잠시 여행을 온 것뿐이라고. 그렇게 생각하면 지구에서의 모든 경험들이 추억이 되고, 내가 미워했던 사람들마저 어느 순간에는 값진 그리움으로 변하게 된다고. 그리고 서로가 누구를 미워했든지 간에 결국은 세상 모두가 여행의 추억을 위해 살고 있음을 깨닫게 된다고 말이다.

지금의 이 상처가, 언젠가는 지구에서의 추억이 돼 버릴지도 모르겠다.

또 지금의 이 억울함이, 이제까지 내가 보아 온 다른 사람들의 한 맺힌 삶에 비해서도 얼마나 사소한 아픔인지도 잘 알고 있다.

그래도 지금은 고집을 부리고 싶다. 삶이라는 것은 아픈 기억과 함께 어쩔 수 없는 상처가 생겨나게 된다는 것을.

그리고 살아왔던 기억을 모두 잊고 우주로 돌아가고 싶은 억울함과 함께 때론, 싸우지 않았던 것이 평생 기억되며 살아갈 수도 있다는 것을 말이다.

6)

신이 있다는 거짓말 – 이스라엘 이야기

지금으로부터 3,000년 전, 지중해 동쪽 지역에 형 팔레스타인과 동생 유대인이 살고 있었습니다.

그때는 로마가 세상을 지배하던 시절이었습니다. 동생 유대인은 로마가 무서워서 가족을 밀고하게 됐지만 로마는 멸망하고 맙니다.

그 후 유대인은 마을에서 따돌림을 당하며 살게 되었습니다.

14세기에는 흑사병이 돌았습니다. 사람들은 신의 노여움을 풀어야 한다며 유대인을 잡아다가 제물로 바쳤습니다. 아주 많이 죽여 놓고도 흑사병으로 죽은 사람이 학살당한 유대인보다 많았다고 기독교 역사서는 불평합니다. 또 마녀사냥이 유행했던 시절도 있었습니다. 유대인이라는 것이 마녀라는 증거입니다. 중세시대 썩어 버린 기독교를 비판하면서 종교개혁을 외쳤던 마틴 루터조차도 자신의 저서 《악마론》에서 '악마 다음의 우리의 적은 유대인이다'라는 글을 남겼습니다. 독일의 히틀러도 유대인을 학살했고, 러시아 혁명 때는 모든 유대인을 학살, 추방, 노역을 시키겠다는 5월 법이 생겼습니다.

즉 유대인은 지난 3,000년의 역사 동안 언제 어디서 학살당할지 모르는, 우리네 과거의 백정이나 문둥이[*과거 한센병 환자들이 비하되어 불리었던 말]와 같은 삶을 살아왔던 것입니다

2차 세계대전 당시 영국은 세 나라와 각각 비밀리에 협상을 맺습니다.

먼저 후세인에게 가서 전쟁이 끝나면 팔레스타인 지역을 주겠다고 약속합니다. 팔레스타인 지역은 오스만 제국의 지배를 받으며 아랍 민족들이 살고 있을 뿐 아직은 정식 국가가 없는 땅입니다. 그래서 후세인은 영국을 도왔습니다.

영국은 유대인에게도 갔습니다. 전쟁이 끝나면 팔레스타인 지역에 나라를 만들어 주겠다고 약속합니다. 유대인은 돈을 내놓았습니다.

영국은 프랑스와도 협상을 합니다. 전쟁이 끝나면 팔레스타인 지역을 반반씩 나눠 갖기로 합니다.

그리고 드디어 이겼습니다. 후세인과 유대인이 약속대로 땅을 달라고 합니다. 땅을 안 주려고 하니까 후세인과 유대인이 사정없이 대듭니다. 그래서 영국은 버릇없는 후세인을 밀어 버리고 팔레스타인 문제를 국제 사회에 넘겨 버렸습니다.

유대인은 속았다는 걸 깨달았습니다. 하지만 어쩔 수 없습니다. 아무리 생각해도 국가를 만들어 살고 싶습니다. 그것이 살아남을 수 있는

유일한 방법입니다. 할 수 없이 미국을 찾아갔습니다. 미국은 히틀러에게 가스실 바코드를 팔았던 사람입니다. 이 체계적인 기술 덕에 유대인의 아이들은 가스실에서 신속하게 죽었습니다.

유대인은 그에게 과거를 잊겠다고 약속합니다. 그리고 그의 아들도 강력한 정치가로 만들어 준다고 약속합니다.

유대인은 팔레스타인도 찾아갔습니다. 팔레스타인 형제들을 만나 배신자를 만들고 돈을 쥐어 줍니다. 그들이 소유하고 있는 팔레스타인 지역의 땅 값입니다.

그리고 유대인은 그들이 사들인 땅을 기준으로 국제사회에 이스라엘의 건국을 신청합니다.

1948년 유대인이 이스라엘이라는 정식 국가를 선언하자 아랍연맹은 그 즉시 이스라엘에게 폭격을 가합니다. 이집트, 요르단, 시리아, 레바논, 이라크가 참여한 이 전쟁에서 전 세계는 이스라엘이 질 것이라 생각했습니다. 하지만 민간인들로 구성된 이스라엘 군대는 아랍연맹의 정규군을 상대로 20일은 버티는 놀라운 저력을 보여줍니다.

미국과 유럽에 살고 있던 이스라엘 인들은 군대에 지원하고 자신이 죽으면 모든 재산을 국가에 헌납하겠다는 유언장을 쓰기 시작합니다. 그들의 필사 항쟁은 전 세계를 놀라게 만들었고 약 60여 년 간 수많은 전쟁을 치르면서 이스라엘의 영토와 군사력은 놀랄 정도로 증축되어 버렸습니다.

그런데 막상 나라를 만들고 보니 아이들이 보이지 않습니다. 지난 수천 년의 세월 동안 너무 많은 아이들이 죽었습니다. 인류학자들이 계산해 보니 이스라엘은 대가 끊길 운명이라 합니다. 어쩔 수 없이 양자를 들여야만 합니다. 그래서 이스라엘은 키부츠(공동체 마을)를 건설하고 세계 각지에서 이민자를 받았습니다. 키부츠에서 자란 아이들이 군대를 다녀오면 이스라엘의 양자로서의 모든 권리를 주겠다고 약속합니다.

팔레스타인 내에서는 내분이 일어났습니다. 삼촌은 돈을 받고 땅을 팔았지만 조카들은 그 사실을 납득하지 못합니다. 소작인들은 노숙자가 되어 버렸고, 아이들은 굶어 죽기 시작합니다.

땅을 되찾기 위해 시작했던 전쟁은 모두 이스라엘의 승리로 끝나 버렸습니다. 싸움을 시작할 땐 조그맸던 이스라엘이 이제는 팔레스타인보다 훨씬 큽니다. 점입가경으로 이제는 팔레스타인에게서 땅을 뺏으며 횡포까지 부립니다.

젊은 아들들은 파타를 중심으로 PLO(팔레스타인 해방 기구)를 조직했고, 하마스가 이끄는 '무슬림 형제단'과 함께 민중봉기를 주도하게 되었습니다.

1988년 하마스는 하마스 헌장에서 이스라엘과 공존하지 않겠다는 과격노선을 발표하고 가자지구 사람들의 절대적인 지지를 받게 됩니다. 그들은 이스라엘로 넘어가 테러를 감행하고 아버지의 눈을 피해 누이들 사이에 몸을 숨겼습니다.

이스라엘은 팔레스타인을 찾아갔습니다. 살해범의 이름을 하나하나 지목하며 내놓으라고 합니다. 하지만 팔레스타인 아버지는 아들들을 찾을 수가 없습니다. 가족을 닦달해 보았지만 여자와 아이들에게 있어서는 그가 영웅입니다. 아버지의 분노에도 이스라엘의 전쟁 협박에도 내놓을 수는 없습니다.

결국 이스라엘은 집으로 돌아와 팔레스타인에게 편지를 보냈습니다. 살인자가 숨어 있는 팔레스타인 집을 폭격할 생각이니, 그 외 가족들은 도망가라는 내용입니다. 미국과 영국에게도 편지를 보냈습니다. 양자들이 죽어가는 억울함과 함께, 전쟁의 정당성을 주장하는 내용입니다.

또 다른 전쟁은 그렇게 시작되었습니다...

이스라엘 친구들과 함께 남미에 있었던 그 해, 나는 재미있는 사실을 발견하였다.

이스라엘 폭격에 관한 뉴스와, 북한의 정권 승계, 전쟁 도발...

한국을 비롯한 몇몇 국가에서는 이스라엘의 일방적인 전쟁에 대해서만 묘사하고 있었고, 과거 무차별 테러리스트에게 죽었던 이스라엘의 이민자들과 이스라엘과 공존할 수 없다는 슬로건 아래 행해진 하마스의 선제 폭격, 과격 노선에 대한 가자지구 내의 압도적인 지지 등에 대해서는 아무 기사도 쓰지 않았다.

또, 공습경보가 울리면 민간인들이 유엔학교로 피신할 것이라는 것을 알고 있으면서도 유엔학교나 민간인 밀집지역에 전쟁무기를 숨겨 두었던 하마스의 전쟁전략과, 그 사실에 대한 유엔과 이스라엘의 경고를 여러 차례 무시했던 하마스 군권에 대해서도 별 언급 없이 유엔학교에서 참사당한 아이들에 대해서만 집중보도를 하고 있었다.

이스라엘과 미국을 비롯한 다른 국가에서는 현실적으로 대응하는 이스라엘 입장을 옹호하고 있었다. 그들은 이스라엘 건국의 당위성과 이스라엘이 얼마나 평화를 원하는지에 대해 역설했을 뿐, 애초에 무엇이 문제인지는 따지지도 않았고, 이스라엘 총선이 다가오자 불안한 지지율을 올리기 위해 일부러 팔레스타인의 이스라엘 폭격을 유도했던 정치적 술수와 군사력의 절대적인 차이에 대해서도 입을 다물고 있었다.

물론 이스라엘 입장에서는 이 이야기도 축소시키고 싶어한다고 했다. 이스라엘에서 복지를 약속받은 이민자들조차 위험하다는 것이 알려지면 그렇지 않아도 곱지 않은 시선으로 바라보는 국제사회가 이스라엘 국가 건설에 대해 더 많은 의문을 제기할 것을 알고 있기 때문이다.

...만약 한국의 중동 전문가가 지금 이 글을 읽고 있다면 키부츠 내에서 이루어지고 있을 식민지식 교육과, 교과서만 믿고 있을 이스라엘 녀석들의 괴담을 비웃고 있을지도 모른다.

나도 이스라엘이 잘못하고 있다고 생각한다. 그 어떠한 명분과 정의도 가자지구의 참혹함을 정당화시켜 주지 않는다.

하지만 그럼에도 불구하고 이스라엘 측의 입장에서의 우리에게 알려지지 않은 이야기를 쓰고 있는 이유는 우리에게는 여론에 따라 움직이기 이전에 양측 입장을 모두 알려야 할 의무가 있다고 생각하기 때문이다.

나는 이날 이스라엘 친구들과 유독 북한 이야기를 했었다.

수년 전 동북아에서 만난 조선족들과 탈북자들의 이야기... 북한의 식량난은 최악에 달아 평양에서도 아사하는 자들이 속출하기 시작했다고 했다. 흉흉해지는 민심과 각종 범죄이야기 속에는 동네 고아를 잡아 소고기라 속여 팔았던 부부 이야기도 있었다.

아이들을 잡아먹는 이야기는 정부에서는 입단속을 시켰으나 쉬쉬

하면서도 퍼져 나갔던 끔찍한 이야기였다.

나는 내가 들었던 수많은 이야기가 유언비어일 거라 믿고 싶다. 하지만 북한을 다녀온 여행자들의 정보와 탈북자들의 입 괴담을 종합해 보았을 때, 북한의 사정이 아프리카보다 끔찍하다는 말은 분명한 사실인 것 같다. [*주: 북한은 한국, 미국, 이스라엘, 3국가의 국적자를 입국금지 시키고 있다.]

북한은 국제사회에 지원을 요청했으나, 미국 선에서 묵살당했고, 한국 정부의 지원은 둘의 관계에 따라 터무니없이 변하기만 했다.

그렇다면 북한은 전쟁 장비를 팔아서라도, 위조지폐를 만들어서라도 아사자를 막아야만 했을 것이다.

북한이 만든 위조지폐의 역사와 방법은 이스라엘 웹사이트에서 쉽게 찾을 수가 있다. 북한을 비난하는 것은 미국이며 한국 역시 미국의 뜻에 따라 북한의 위험에 대해 강도 깊게 다루고 있다. 물론 그 위험이라는 것은 미국이 낡아 버린 전쟁무기를 버릴 장소로 북한을 지목할 가능성이다. 이스라엘은 북한 문제로 미국이 다친 자존심에 대해 다루면서도 애당초 존재하지 않았던 미국의 정의감에 대해 비웃고 있었다.

하지만 나는 어느 한국 웹사이트에서도 북한을 동정하는 이스라엘과 같은 기사는 본 적이 없었다. 물론 이스라엘 기사를 한국 기사보다 더 신뢰한다는 말은 아니다. 그들은 어디까지나 제3자이기 때문에 기분 내키는 대로 감정이 가는 대로 미국과 북한 문제를 음모론에 입각해서 소설을 썼을 것이다. 그럼 뭐 또 어떤가. 한국인이 이스라엘어로 된 기사를 읽고 항의할 가능성이 거의 없는데. 우리가 국가 건설에 관한 이스라엘 주장을 거의 모르는 것처럼 말이다.

이스라엘 전쟁을 후원하는 기업의 물건을 살 때마다 나는 망설임에 사로잡힐 때가 있다. 그들에 대한 후원은 과연 옳은 것인가.

하지만 유대인들의 한 많은 세월과 언제 학살당할지 모르는 두려움을 배제하고서라도, 국제 사회에서 보여 주는 정식 절차를 생각할 때 그들의 국가 건설 자체가 억지라고만 생각할 수는 없고, 지금 가자 지구에서 벌어지고 있는 참상이 이스라엘과 팔레스타인의 합작품이 아닌지에 대해서도 다시 한 번 생각해 볼 필요가 있다.

그리고 형제인 하마스와 유대인이 힘을 합쳐 가자지구의 사람들을 살릴 길은 정말 없는 것인지…

정말로 신이 있다면, 신은 그 대답을 알고 있을까?

*주: 현재 전 세계에 퍼져있는 반유대주의의 진짜 원인은 기독교 역사가 아니라 경제 권력에 있으므로, 이스라엘, 유대인, 특정인물, 민족, 국가 등등의 개념과 세부 역사적 사실은 구체적으로 설명하지 않고 뭉뚱그려 이야기 했음을 알려드립니다.

어느 한량 기자의 팔레스타인 보고서

쿠르르릉! 쿠아아앙~!!!

2008년 12월, 이집트의 중재로 휴전이 6개월간 지속되고 있던 와중에 이스라엘군이 팔레스타인 무장대원 3명을 사살한 사건이 발생했다. 팔레스타인 가자지구에서 압도적인 지지율로 당선되었던 하마스는 이에 대한 보복으로 즉각 70발 이상의 로켓탄을 발사했고 이것으로 수천 명의 사상자를 가져오는 '가자 전쟁'이 시작되었다.

국제사회는 양측에 휴전을 제안했지만 하마스는 가자지구에 대한 봉쇄를 풀라는 입장을 밝혔고, 이스라엘은 이스라엘만의 일방적인 휴전은 의미없다고 거절하였다.

〈과거 이스라엘 – 팔레스타인 지도〉

〈이스라엘 수도인 서예루살렘과 3차 중동전쟁 이후 이스라엘이 점령한 동예루살렘, 요르단강 서안지구의 위치〉

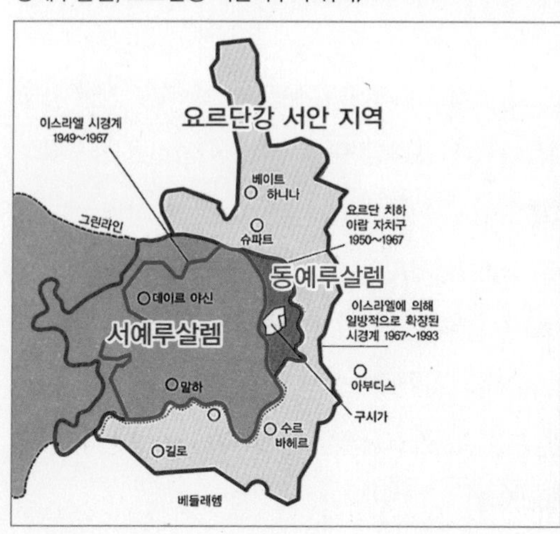

2009년 하마스 정부는 3차 중동전쟁(1967년) 이전의 국경을 기준으로 이스라엘과의 공존을 받아들이겠다고 발표한다. 하지만 3차 중동전쟁 이후 차지했던 이집트의 시나이반도와 가자지구를 다시 돌려줬다가 가자지구의 하마스와 전쟁을 치르고 있는 이스라엘의 입장에서, 요르단강 서안지구와 동예루살렘을 돌려줘서 서예루살렘을 고립시키는 불안한 국가 안보에는 절대 동의할 수 없다는 입장을 밝혔다. 또 하마스 역시 팔레스타인에게 땅을 돌려줘야 하는 이스라엘인들을 수용하고 팔레스타인은 비무장 국가로 남으라는 협상안을 받아들일 수 없다는 대답을 내놓았다.

2012년, 가자지구 근처 키부츠에서는 하루에도 몇 번씩 낮은 폭격소리가 들려왔다. 다가오는 선거철과 함께 모두들 또 다른 전쟁이 다가오고 있음을 직감하고 있었지만 외신들은 더 이상 자잘한 기사는 쓰지 않고 있었다. 팔레스타인 전쟁은 너무도 오래된 이야기였다. 지구촌 어디선가는 항상 굵직한 뉴스들이 터져 나왔고 우리들에게는 항상 참신한 뉴스거리가 필요했다.

결국 총선을 염두에 둔 이스라엘은 무인전투기를 보내 아흐마드 알 자바리(하마스군의 지도자)를 저격한다. 이에 분노한 하마스는 이스라엘을 향해 수십 발의 로켓을 발사했다. 민간인 피해가 없었으니 완벽히 방어했다는 이스라엘 측의 주장과는 달리 한 지역에 수십 개의 로켓을 발사하는 방식으로 하마스는 사실상 아이언 돔을 뚫었다는 것이 현지 전문가들의 분석이다.

이스라엘은 선거철만 되면 소규모 교전으로 하마스의 군사 행동을 유도했다. 이에 발끈한 하마스가 폭격을 날리면 이스라엘의 안보가 불안해졌고, 그것에 대해 이스라엘이 보복 폭격을 날리면 수많은 팔레스타인이 죽었다. 그리고 전쟁이 터지면 지지율이 불안했던 이스라엘의 군부 출신 정치가들과 팔레스타인의 하마스는 급작스러운 지지율 상승으로 당선되었다.

특히 이스라엘 총선과 맞물려 있던 1996년 헤즈볼라 테러리스트들을 향한 '분노의 포도작전'과 2000년 팔레스타인의 2차 민중봉기, 2008년 가자지구를 공습한 '캐스트리드', 2012년 이스라엘의 공습과 하마스의 로켓발사는 수천명의 사상자와 함께 두 정권의 득표를 상승시켰던 전쟁이었다.

그러나 2012년, 팔레스타인이 유엔에서 정식국가로 승인을 받게 된 그날을 기점으로 정세는 급변하게 된다. 수천 명의 팔레스타인이 학살당하면서 하마스의 지지율은 다시 한 번 급상승하게 된 반면, 이스라엘 정권은 수천 명의 민간인 학살이라는 국제비난과 함께 팔레스타인과의 외교전쟁에서 졌다는 국내여론을 모두 감당해야 하는 상황에 봉착하게 된 것이다.

이스라엘은 그 난관을 타개하고자 두 개의 극우정당이 통합하면서 최대 규모의 강경파 정당이 탄생하게 되었다. 또한 홀로코스트 생존자들이 예상을 넘는 지지율로 당선되면서 앞으로 일어날 잠재적 전쟁 규모가 계속 확대될 것이라는 것을 암시하고 있다.

2014년, 이스라엘은 이집트-가자지구의 비밀 교역로인 라파지역의 땅굴을 폭파하기 위해서 수천 명이 살고 있는 민간인 지역을 폭격하였다. 땅굴 대부분이 민간인 집들과 연결되어 있는 까닭에 국제 여론의 비난을 받고 있지만 하마스는 이 땅굴을 통하여 수백 개의 로켓을 들여온 것으로 알려져 있다. 폭격을 당한 가자지구의 사람들은 굶어죽지 않기 위해서 다시 한 번 땅굴을 파야 하는 입장이다. 이스라엘은 여전

희 하마스가 과격노선을 포기하고 비무장 조건을 받아들이면 가자지구 봉쇄를 풀어 주겠다는 입장이다.

이스라엘을 향한 국제사회의 비난이 거세질수록 이스라엘은 하루빨리 전쟁을 끝내려고 할 것이다. 하지만 그들의 근본적인 문제가 해결되지 않는 한 그것이 협상이 될지, 전쟁이 될지 알 수 없다.

그리고 이러한 상황에서 휴전을 한다 한들 정착촌에서 일어나는 팔레스타인을 향한 민간인 학살과 이스라엘을 향한 납치 테러가 언제쯤 끝이 날지도 아무도 알 수 없는 일이다.

*주: 취재 중 요르단에서 만난 팔레스타인 사람들은 "우리는 아무도 그곳을 이스라엘이라고 부르지 않는다. 그곳은 팔레스타인이다. 그들은 처음부터 그 땅에 대한 어떠한 권리도 가지고 있지 않았다." 라고 말했다.

*주: 취재 중 팔레스타인에서 만난 이스라엘 기자는 "우리 이스라엘 내에서도 전쟁을 반대하는 목소리가 없는 것은 아니다. 하지만 이스라엘은 결코 팔레스타인에서 나가지 않을 것이다. 왜냐하면 이것은 화해와 양보의 문제가 아니라 양쪽 모두에게 생존이 걸린 문제이기 때문이다." 라고 말했다.

Part 3. 나쁜 여행 속 소소한 즐거움

돈데 나세 엘 그란 리오

Donde nace el gran rio(거대한 강물이 시작되는 곳)

여행을 할 때마다 생기는 작은 불편함이 있다. 외국인에게는 한국 이름이 어려워 처음 만난 친구들은 나를 불편해 한다는 것이다.

그래서 이번 남미 여행에서는 작은 아이디어를 떠올렸다.

내 이름을 뜻으로 부르면 어떨까?

내 이름이 '근하'(根河: 뿌리 근, 강물 하)니까 해석하면 물의 근원, 영어로는 '샘'(spring)이 된다.

숙소에서 만난 스페인 여행자에게 물었다.

"'샘'을 스페인어로 뭐라고 해?"

"'샘?' 그게 무슨 뭔데?"

"아 왜 있잖아. 물이 퐁퐁 나와서 강이 되었다가 결국은 바다로 흘러 들어가는, 그러니까 강의 근원지 말이야."

"거대한 강물이 시작되는 곳? '돈데 나세 엘 그란 리오.'"

"응. 그러니까 그걸 한 단어로 뭐라고 하는데?"

그는 잠시 곤란한 표정을 짓는다.

"잘 모르겠는데?"

"어? 모른다고? 왜? 스페인어를 묻는 거야. 너 스페인 사람이라 하지 않았어?"

"응, 그렇긴 한데 아마도 스페인에는 샘이 없을 거야. 그래서 그런 단어를 안 쓰니까 잘 모르겠어."

... 스페인이 그렇게나 작은 나라였던가?

아무튼 스페인 사람이 그렇다면 그런 거겠지.

영어로 '스프링'(spring: 샘물)이라고 부르자니 스페인어가 공용어인 남미에 와서 영어 이름 짓는 것도 이상하고, 또 사람들이 내 이름의 뜻을 '봄'(spring)으로 착각할 것도 너무 뻔한 일이었다.

할 수 없지. 그럼 내 이름을 간단하게 '리오'(Rio: 강)라고 하는 수밖에.

여기서 또 문제가 발생했다.

내 이름이 'Rio'(리오)인데 한국인인 나는 혀를 떨어야 하는 [R] 발음이 안 된다는 것이다.

숙소의 친구들은 나를 항상 놀렸다.

"뭐? 리오? 네 이름은 '웃음'이라고?"

"아냐. 앤 지금 분명 '사자' 라고 발음했어."

"아니야. 내 귀에는 '거짓말'이라고 들리는 걸? 이봐 리오. 넌 네 이름도 잘 모르는구나? 이름이 '강'이라면 [R] 발음을 확실히 하라고!"

콜롬비아 국립공원에서 생태학을 연구하는 친구는 '샘'이라는 질문에 수많은 단어를 나열했다.

"그런데 리오. 그 샘물이 어느 물이냐에 따라 단어가 달라져. 그것이 산 중턱에서 새어나오는 계곡물일 수도 있겠고, 오랫동안 지하수로 흐르다가 평지에서 흘러나왔을 수도 있겠지. 또 평지에서 흘러나와 사라지면, 강의 근원이 아니라 샘으로 소멸하는 거잖아. 콜롬비아에는 샘이라는 전문 단어가 꽤 많은데 다른 나라 사람에게는 어려울 거야. 이런 전문 용어보다 이름으로는 그냥 '리오'가 예쁘지 않아?"

몇 주 후... 브라질의 아마존 강.

배에서 만난 사람들은 내게 말했다.

"거대한 강물이 시작되는 곳이라고? 그러니까 네 이름의 의미는 이곳 '아마조네스'(아마존 밀림에서 사는 여인)이구나!"

[*주: 아마존 강은 수많은 지류와 두 개의 강이 합류하는 지점부터 시작됩니다.]

페루의 친구는 내게 말했다.

"너 그거 알아? 페루에서 '물의 근원'이라는 단어는 '생명의 원천'이라는 의미야. 보통 남자가 여자한테 사랑 고백할 때 쓰는 단어지. 생명의 근원이 여자에게 달려 있으니 깊고도 순수한 사랑이라고나 할까?"

볼리비아에서 만난 스페인 여행자는 내게 말했다.

"뭐? 스페인에 '샘'이라는 단어가 왜 없어. '마난티알'(Manantial)이라는 아름다운 단어가 있는데! 우리도 산 중턱의 샘은 아주 흔하게 있다고. 자연의 순수나 생명을 상징할 때 문학작품에서 얼마나 감동을 주는 단어인데! 그 녀석이 머리 나쁘고 책을 엄청 안 읽는 녀석이었겠지. 스페인의 자연을 무시하지 말라고!"

아직도 내 이름은 '리오'이다. 친구들은 처음에 나를 '리오'라고 불렀다가 이내 친해지고 나면 진짜 내 이름을 묻고 발음을 연습하곤 하였다.

그래서 지금은 새로운 고민을 하고 있다.

나도 언젠가 아이를 낳게 된다면 아이의 이름은 뭐라 지을까?

국제적인 이름보다는 전형적인 한국식 발음으로 지어 주고 싶다.

이름을 부르고자 하는 외국 친구들이 조금은 고민하고 연습하게 만드는, 그리고 다시 한 번 뜻을 돌아볼 수 있도록 아름다운 뜻을 가진 순수 한국말로 지어 주고 싶다.

아마존의 동물들

처음에는 고양이인 줄 알았다. 아니면 살쾡이.

내 품에 안겨 낑낑대는 모습도 그러했지만, 젖 달라고 달려드는 모습도 그랬다. 사나운 이빨이 아프지 않았더라면 결코 호랑이라는 말을 믿지 않았으리라.

선장은 녀석을 사냥꾼에게 샀다고 했다. 사냥꾼은 남쪽 밀림에서 우연히 주운 것이라고 했다.

태어난 지 3주 된 아기 호랑이였다. 어미는 이미 사냥꾼 손에 목숨을 잃었지만 새끼는 어미의 원수를 어미로 알고 살아가고 있었다.

"가엾은 정글 짐승!"

베르니오는 배 위에서 포커를 치다 말고 나를 보며 눈살을 찌푸렸다.

쟈끄는 비난의 목소리다.

"리오! 넌 그 호랑이를 키울 셈이야? 빨리 정글로 돌려보내야 한다고!"

"얘는 이미 어미를 잃었어. 이제 못 돌아가!"

"그 새끼 호랑이 얼마지? 저런 아기가 도대체 얼마에 흥정된다는 거야!?"

며칠 전 배 안에서는 브라질 희귀 어종을 운반하는 한국인 밀수업자를 만났다. 브라질만 빠져나가면 더 이상 불법이 아니란다.

그는 국경 경찰에게 걸리지 않으려고 조심, 또 조심하면서 가능하다면 내게 포르투갈어(브라질어) 통역도 부탁하고 싶어 했다.

... 나는 다행히 포르투갈어를 할 줄 몰랐다.

한밤중.

어둠 속에서 그물 침대 사이를 헤쳐 나가는데 발밑에서 뭔가 푸드덕거린다. 날개 끝이 잘려 나간 녹색 앵무새 한 마리가 상자에서 나와 탈출을 시도하고 있었다.

나를 바라보는 공포에 찬 눈동자.

새의 비명 소리에 잠을 깬 주인이 새를 잡아 다시 상자 안에 넣었다.

상자 안에서는 이미 수십 마리가 푸드덕거리고 있었다.

아마존에만 서식한다는 천연기념물 보호종 녹색 앵무새였다.

아마존의 중심 마나우스에서 페루 국경을 넘는 2주간의 뱃길이었다. 배 안에는 너무나 많은 것들이 실려 있었다. 그리고 세계적인 희귀종들이 상자 안에서 울부짖고 있었다.

사냥꾼은 내게 말했다.

"리오. 이것들이 국제적으로 희귀종인지는 모르지만 우리한테는 그냥 정글 짐승 중의 하나야. 우리 아버지가 사냥을 했고, 지금은 내가 사냥을 하고 있지. 어느 동물은 다른 나라에서도 발견되니 사냥을 해도 되고 어느 동물은 아마존에만 있으니 사냥을 하지 말라는 건 어불성설이야. 정글의 진짜 주인이 누구인데? 그 많던 동물들이 누구 때문에 사라졌는데? 정말 나쁜 사람은 합법적으로 정글의 땅을 사서 개발한다는 놈들이지 사냥한 동물로 가방을 만드는 사람이 아니라고!"

그의 말도 맞다고 생각한다.

하지만 내 품에서 우유를 먹는 호랑이를 보며 생각했다.

그가 진정 아마존을 사랑하고 있다면,

마지막 보존을 위해 사냥을 그만두면 좋겠다고.

하지만 그에게 그런 말을 꺼내기에

서양의 이기적인 논리와 내 며칠간의 애정은 너무나도 뻔뻔한 것이었다.

그리고 한국인이 개고기를 먹는다고 혐오하는 친구들을 보면서

다른 고기를 주식으로 삼는 그들이 오만하고 뻔뻔하다고 생각했던 나 자신이 떠올랐다.

*주: 아마존에서 호랑이라 소개받은 동물은 한국에 돌아와 동물원에 사진 의뢰 결과 재규어라는 답변을 받았다. 하지만 기사를 본 희귀 애완동물 동호회 사람들은 사진 속의 동물은 재규어가 아니라 오셀롯일지 모른다는 의문을 제기하였다.

호랑이는 아시아 대륙에서만 분포하고 있으며, 현재 재규어는 보호종에 속해 있고 오셀롯은 멸종 위기종으로 지정되어 있다.

여행자의 의리

내가 묵고 있는 4인용 숙소에는 2층 침대가 두 개 있었다.

문가 쪽 아래층 침대가 내 자리였고,

내 위층 침대에는 프랑스인 쟈끄,

다른 침대 아래층에는 베네수엘라에서 왔다는 아르만도,

그 위에는 스페인인 레오폰도.

그중에서는 아르만도는 가장 성격이 좋은 여행자에 속했다.

첫날부터 방 친구들을 모두 단합시키더니 며칠 후에는 베네수엘라 음식 파티를 열었던 것이다.

갑작스러운 파티에 프랑스인인 쟈끄는 와인을 준비했고, 스페인인 레오폰도는 이상한 소스를 준비했다. 한국인인 나는 음식을 먹고 요리 솜씨를 평가해 주겠다고 했다. 물론 재료비는 각자 내기였다.

저녁식사가 끝날 즈음에 아르만도는 새로운 제안을 했다. 요즘 페루 젊은이들 사이에서 가장 인기 있다는 클럽에 놀러 가잔다. 바텐더가 현지인과 즉석 만남도 주선해 준다는데... 허거걱! 이 녀석들 정말로 여자가 아쉬웠었나? 내가 잠시 화장실에 다녀온 사이, 설겆이를 부탁한다는 쪽지만 남기고 모두 사라지고 없었다.

한밤중.

나는 곤히 잠들어 있었다. 정말 곤히 잠들어 있었는데 이불 위에 묵직한 것이 느껴졌다. 고개를 돌려 살펴보니 허걱! 아르만도 이 녀석, 술이 떡이 되었는지 내 이불 위에 올라와 잠이 든 것이다.

무거운 녀석을 낑낑거리며 옆으로 치웠다. 거실에 가서 자야겠다고 생각했는데 문 앞에서 질펵한 것이 밟힌다.

... 방한용 양말이 축축하게 젖어들어왔다. 지린내가 코끝으로 스멀스멀 스며들어 왔다. 한쪽 발을 들고 잠시 생각해 보았다.

암만해도 이 상황에서 가장 의심스러운 것은 방금 막 내 침대 위에 쓰러졌던 아르만도...

"야, 아르만도 이 자식아! 내 침대에서 당장 안 일어나?!"

철퍼덕~!!!

젖은 양말로 아르만도 얼굴을 때렸지만, 이 자식은 취해도 단단히 취했는지 요지부동. 나는 무서운 집념을 발휘하여 결국 이 무거운 녀석의 몸뚱이와 머리채를 끌어당겨 자기 침대에 돌려놓고야 말았다.

방 안에는 세 남자의 술 냄새가 진동했다.

이불을 뒤집어쓰고 다시 잠을 자려하는데 이번에는 '쾅!' 하는 소리가 울렸다. 위층 침대의 쟈끄가 코를 고는 소리이다.

내 평생 '쾅!' 소리 내면서 코를 고는 녀석도 처음 보았지만, 그 소리의 크기가 장난 아니다. 저 코고는 소리에도 아랑곳 않고 잠을 자는 나머지 두 녀석도 결코 평범하지는 않은… 침대 옆으로 몸매 좋은 하얀색 삼각팬티가 지나갔다. 레오폰도가 화장실을 가려고 팬티 차림으로 침대에서 내려온 것이다.

아주 이것들… 가지가지 한다.

오늘 일정대로 당장 리마를 떠나겠다는 나를 두고 쟈끄는 원망에 찬 말투다.

"리오, 너는 몰랐겠지만 나는 항상 네 일정에 따랐어. 네 여행 코스는 물론이고 안데스 산에서 항상 너를 기다렸던 사람이 누군지 알아? 난 네가 아팠을 때 혼자 도시까지 무려 이틀을 히치하이킹 해서 약도 사왔어. 그런데 넌 숙취에 벗어나지 못하는 나를 하루도 못 기다려 준다고 하는구나. 너 정말 이기적인 거 알아?"

"쟈끄! 나 너한테 따라오라고 한 적 없거든? 그리고 왜 우리가 같이 다녀야 하는 건데? 모르는 사람이 보면 우리가 연인인 줄 알겠다."

"연인? 연인이라고? 넌 정말 우리가 같이 다녔다고 생각하는 거야? 넌 일방적으로 네 여행만 했었고, 순전히 내가 널 따라다닌 거잖아. 나는 모든 걸 너에게 맞췄다고! 내가 널 왜 따라다녔는지 알아? 난 그저 내 여행이 멋지길 바랄 뿐이야. 그리고 네가 멋진 여행을 하고 있다고 생각해서, 멋진 에너지를 가지고 있다고 생각해서 함께하고 싶었을 뿐이라고. 네가 일방적으로 떠나서 헤어진 적도 있었지만 어쨌든 너를 따라다닌 것이 벌써 한 달이 넘어. 페루 아마존 강에서 만난 인연까지 생각하면 거의 두 달째라고. 그 모든 것을 너에게 맞췄어. 게다가 여긴

대도시라고! 이제 한번 헤어지면 다시는 못 볼 텐데. 그런데 넌 단 하루도 나를 위해 늦출 생각을 안 하는구나!"

아르만도가 끼어들었다.

"자자. 그만하라고 그만. 리오. 우리 그만 협상하는 게 어때? 쟈끄가 저렇게 만취해 있는 데는 내 탓도 있으니까. 리오, 만약 네가 내일 떠나겠다고 약속하면 오늘 점심은 내가 다시 베네수엘라 음식을 대접하겠어. 요리부터 설거지까지. 모두 공주님을 위해 봉사할 것을 맹세하지. 아! 그래 너 베네수엘라 전통 인형 탐냈잖아? 이것도 그냥 너 줄게. 리오 설마 우리가 이렇게 애원하는데 거절할 생각은 아니겠지?"

"야, 아르만도. 너 혹시 어젯밤 어디서 잤는지 기억하냐?"

"나? 왜? 어젯밤 잘 들어와 잤는데."

"너 오늘 아침 문 앞에 있었던 오줌이 누구 작품이라고 생각하는 거냐?"

이번엔 레오폰도가 말참견이다.

"그거 오줌이었어? 난 또 누가 물 쏟은 줄 알았는데."

"너네들은 물이 그렇게 냄새 나는 거 봤냐? 그리고 레오폰도! 너 어젯밤에 팬티 바람으로 오줌 밟고 돌아다닌 거 알고 있어? 너 그 발로 그냥 침대 들어가서 잤지?"

"자자 그만하자고. 공주님. 네가 하루만 더 늦춰 주면 그저께 네가 탐내던 스페인 젤리 너 줄게. 그러고 보니 너 페루에서 전통 치마 사고 싶다고 하지 않았어? 하루쯤은 쇼핑을 하는 게 어때?"

천하의 웬수 같은 쟈끄를 떼어 버릴 절호의 찬스가 왔건만, 저들이 이렇게까지 나오니까 내가 너무 의리 없는 사람이 되어 버린 것 같았다.

"몰라! 니들 맘대로 해! 대신 난 오늘 한국 음식점 가서 혼자 맛있는 거 먹고 올 테니까 식사는 각자 알아서 해결하라고!"

그날 밤 나는 조금 피곤했다. 정말로 곤히 잠들고 싶었다.

하지만 베네수엘라 음식을 해 먹은 세 남자는 무얼 잘못 먹었는지 밤새 지독히도 방귀를 뀌어 댔다. 쟈끄는 창문 없는 방에서 방귀를 뀌며 동시에 코를 고는 묘기까지 선보였다.

내 침대 천장은 쟈끄가 방귀를 뀔 때마다 들썩였으며, 레오폰도는 어김없이 삼각 팬티차림으로 화장실에 다녀왔다. 이번에는 내 침대를 들여다보며 "어라? 깨어 있었네?"라며 흰 팬티를 흔드는 안부 인사도 잊지 않았다.

레오폰도에게 가볍게 손을 들어 화답하며 나는 생각했다.

앞으로 이런 일이 발생한다면 망설임 없이 의리를 버려 주리라.

어차피 내일이면 안 볼 사이. 대체 무슨 마음으로 의리를 지키겠다 생각했던 것인지.

나는 깨달았다.

여행자에게 있어 의리라는 것은 세상에서 가장 영양가 없는 단어라는 것을 말이다.

싫은 사람과 여행을 한다는 것은

"쟈끄! 너는 너대로, 나는 나대로 길을 가는 게 좋겠다. 다시 만나더라도 아는 척하지 말자고!"

나는 결국 분통을 터뜨리고 말았다.

아마존 강 상류를 거슬러 올라가는 배 안에서 만난 우리는 정말 다른 성격의 여행자였다. 처음부터 두 사람뿐이었다면 친해질 필요가 없었을 텐데, 처음에는 여덟 명의 여행자가 있었고 우리는 모두 의기투합했었다. 하지만 단둘이 남은 지금, 페루 여행지가 비슷하다는 이유로 쟈끄는 두 달 가까이 나를 쫓아다니며 여행을 하는 중이었다.

그렇잖아도 화난 표정을 가지고 있는 쟈끄의 눈꼬리가 치켜 올라갔다. 획 돌아서서 가는 나를 어쩔 수 없다는 듯 따라왔지만, 그 역시 화가 나 있는 것이 분명했다.

도대체 얘는 왜 나랑 다니려 하는 걸까?

여행지에서 만난 모든 사람과 잘 지내는 것이 모토였지만, 역시 배낭족에게 있어서 돈 문제는 민감한 사항일 수밖에 없었다.

음식점에 가더라도, 슈퍼에서 껌 한 개를 사더라도 자기 것은 자기가 내는 것이 배낭족의 문화. 하지만 쟈끄는 오랫동안 일을 하다 휴가를 나온 관광객에 가까웠다. 날마다 비싼 맥주를 서너 개씩 사서 마셨고, 술을 좋아하지 않는 나에게 맥주를 권하고 다음 번에는 내가 맥주를 사주기를 기대했다. 그저께 내가 30R$[*레알: 브라질의 화폐단위, 약 2,000원]을 계산하고 어제 그가 20레알을 계산했으면, 오늘도 그가 계산하는 것이 당연한 일일 텐데, 오늘 다시 나보고 40레알을 계산하라고 말하고 다음날 태연히 10레알을 계산하는 그의 뻔뻔함에 완전 질려 있었다.

쟈끄를 만나면서 나의 지출 내역은 예상 경비의 두 배를 넘어서고 있었다. 쟈끄 또한 나름대로 눈치 있게 행동한다고 숙소와 식사에 대한 결정을 모두 내게 맡기고 중간에서 통역해 줄 뿐이었지만, 덕분에 내 스페인어 실력은 전혀 늘지 않았고 히치하이크는 세 배 이상 어려워졌으며, 쟈끄와 함께 있는 한 어느 현지인도 나를 개인적으로 초대하거나 친구가 되어 주지도 않았다.

여행자가 함께 있으면 현지인과 어울리기도 힘들고, 이것저것 바가지만 쓰게 된다고 말해 볼까 했지만, 왠지 그는 이해하지 못할 것 같아 아무 말도 하지 않았다. 하지만 어제는 히치하이크를 하고 있는 나에게 쟈끄가 들으라는 듯이 중얼거리는 소리를 듣고 말았다.

"한국인들은 정말 어이가 없군, 겨우 5Sol[*솔: 페루의 화폐단위, 약 2,000원]을 절약하자고 두 시간을 히치하이크를 한단 말이야."

'너 없으면 20분이면 히치하이크하는 거 알아?'라는 말이 목구멍까지 올라왔지만, 보나마나 '암컷'이라고 빈정댈 게 뻔해서 관두기로 했다. 도대체 나는 왜 쟈끄의 몫까지 히치하이크를 하고 있는 거지?

사실 나는 쟈끄가 싫었다. 197cm가 넘는 키에 70kg의 체중, 어깨와 목은 심하게 굽어 있었고, 생긴 것은 만화 '엔젤 전설'에 나오는 나일 등을 닮았으며, 아마존 강 그물 침대에서 눈을 뜨고 자는 모습에 소스라치게 놀란 적이 몇 번이며, 코는 또 얼마나 심하게 고는지. 예전에 한 달 사귀었던 여자친구가 피임한다고 자기를 속이고 쌍둥이를 낳았는데, 아이 하나는 저능아였다고 심하게 불평하는 쟈끄. 하지만 내가 봤을 때는 쟈끄도 지능지수가 좀 낮아 보였다.

어쨌든 그가 사 주겠다는 맥주를 거절한 나에게 결국 그는 화를 내고 말았다.

"돈! 돈! 돈! 네 머릿속에는 온통 돈 생각뿐이구나! 너 사람들 만나면 돈 얘기밖에 안 하는 거 알아? 처음 만난 사이에 왜 프랑스 사회보장 시스템이 궁금하고, 국가별 영국 워킹비자 조건이 궁금하고, 페루의 빈민촌과 정부정책이 궁금한 거지? 넌 라틴 음악이나 동물, 유럽 커피에 대해서는 정말 아무것도 모르는 거 알아? 돈이 부족하면 몇 달만 여행하면 되잖아! 몇 달을 여행하든, 몇 년을 여행하든 어차피 남미 모든 곳을 여행할 수도 없다고! 달랑 5솔 절약하고자 페루인들과 싸우면서 굶고 다니는 너를 보면, 정말 내가 창피하다! 내가 너를 왜 따라다니는지 모르겠다!"

"아하! 따라와 달라고 말한 적 없어! 너는 네 길을 가고, 나는 내 길을 가는 게 좋겠다. 다시는 아는 척하지 말자고!"

획 뒤돌아 걸으면서 내심 잘됐다는 생각을 했다. 어젯밤 가계부를 쓰면서 그동안 내가 쟈끄보다 훨씬 많이 지출했다는 것을 깨달았던 것이다. 그렇게 쟈끄를 무시하고 다녔건만 지출의 상당수가 커피와 케이크, 맥주 값이었다는 것. 그리고 혼자서 히치하이크를 했던 대부분의 상황에서는 운전기사가 군것질 거리를 사주거나 집으로 초대해 주었지만, 쟈끄가 끼어 히치하이크를 할 때면 오히려 트럭 운전사에게 담배를 선물하거나 점심을 사줘야 했었다. (때론 운전사가 약간의 돈을 요구하기도 했는데 혼자서 히치하이크를 할 때는 절대 일어나지 않는 일이었다.)

심지어 페루인들 앞에서 자신의 월급을 자랑하는 쟈끄 때문에 결국 운전사와 차비문제로 다툰 적도 여러 번 있지 않았던가!

결정적으로 스페인어가 문제였다. 혼자라면 가는 길 내내 운전사와 수다를 떨면서 스페인어를 배웠을 텐데, 나보다 스페인어를 잘하는 쟈끄가 끼어 있으니 말 그대로 나는 그냥 차에 탑승만 했던 것이다.

쟈끄를 떼어 내기 위해 말없이 떠난 적도 있었지만 안데스 산맥에서 마을의 위치라는 건 너무나도 뻔해서 왔던 길을 되돌아가지 않는 한 우린 결국 어디선가 재회할 수밖에 없었다.

아무튼 쟈끄를 만나면서 돈 손해, 시간 손해, 여행 손해가 이만저만이 아니었다. 내가 기자로서 일할 때는 경찰들에게 온갖 혜택을 받으면서 자기가 내 동료라고 뻥을 치다가 들통나니까 발뺌한 것도 알고 있는데, 여행을 할때면 마을을 이동할 때마다 히치하이크를 기다려야 하는 상황에 대해서는 나에게 완전 짜증을 내고 있었다.

그러니까 넌 버스타고 가라고~!!!

여자라는 이유만으로 히치하이크도 완전 내가 전담하고 있건만. 따라오지 말라고 몇 번이나 화를 내어도 친구 사이에 홧김에 하는 소리라고만 믿고 있는 이 녀석.

무엇보다 용서할 수 없었던 것은 이 녀석의 포주 기질이었다. 암컷이라는 이유로 히치하이킹이 가능했다고 믿는 쟈끄는 운전사가 내게 관심이라도 있어 보이면, 혹시라도 둘 사이를 오해받을까 전전긍긍하면서 나를 일부러 운전사 옆자리에 앉히는 센스까지 발휘하지 않았었던가!

함께 다니면서 느꼈던 쟈끄의 지적 능력을 보았을 때 그의 삶의 질이 프랑스에서 평균 이하일 거라는 걸 모르는 건 아니었다. 하지만 원하지도 않는 맥주 한 잔을 계산하고 생색내는 이 녀석은 내게 있어 악몽이었다.

따라오지 말라고 외치고서 혼자서 씩씩거리며 뒤돌아 걸어나갔다.

쟈끄와 헤어져서 혼자서 여행하고 싶다는 것이 내 본심이었다.

웬수 같은 쟈끄. 웬수 같은 쟈끄. 프랑스. 쟈끄. 프랑스.

쟈끄. 쟈끄. 프랑스. 쟈끄. 프랑스. 프랑스. 프랑스...

나는 문득 미국에서 만났던 날마다 비싼 햄버거를 사먹었던 프랑스 아가씨가 떠올랐다. 그녀는 다 먹지도 않을 커다란 햄버거를 자주 사먹으면서 가격이 싼 미국 물가가 그녀에게 기회라고 했었다.

그렇다면 비슷한 이유로 쟈끄에게 있어서 페루의 물가는 거리낌 없이 무엇이든지 살 수 있는 인생의 기회였을 것이다. 커피든 케이크든 프랑스보다 품질이 떨어진다고 불평하면서도 얼마든지 거만할 수 있는.

그리고 대학 때부터 세계 각지를 돌아다녔다고 말하며 현지 장사꾼들을 능숙하게 상대하고 있는 내가 프랑스 문화에 비춰 봤을 때 알짜부자로 보였을 거라는 점도 쉽게 추측할 수 있었다.

살인적인 한화 추락을 겪고 있는 상황에서 페루 물가는 한국 물가와 크게 다르지 않았고, 장기 여행자에게 있어서 유럽인의 일상생활(커피, 세탁소, 옷 수선 등등)은 사치였을 뿐인데도 말이다.

한 달 후에는 다시 직장으로 복귀해야 한다는 그는 아마도 이곳에서 여행 추억을 만들고, 원 없이 돈을 쓰고 싶었을 것이다.

나는 가방을 들고 한참을 걸었다. 그리고 잔뜩 화난 표정을 짓고서도 멀리 떨어져 따라오고 있는 쟈끄를 보면서 생각했다.

그래, 어쨌든 나는 쟈끄를 이해하고 있지 않은가. 아무리 손해가 나더라도 나를 쫓아오고 있는 저 녀석을 내가 먼저 내치지는 말아야지. 한 달 전 안데스의 마을에서 아팠을 때 먼저 떠나지 않고 밤새 걱정을 하고 간호를 해 주었던 쟈끄였다.

그때는 정말 쟈끄가 세상에서 가장 고마운 사람이었다.

안데스에서 내려오자마자 바로 정신 차리기는 했지만.

나는 씩씩거리면서도 스스로를 타일렀다.

세속적인 성격의 내가 여행지에서 얻어야 하는 것이 있다면,

아름답지 않은 사람과도 함께하려는 마음일 거라고.

...그리고 이때는 몰랐다.

먼 훗날 내가 힘이 들 때, 쟈끄가 보내 준 작은 감동이 내게 큰 용기가 되어준다는 것을 말이다.

세계의 폭포들과 나이아가라

나는 아직도 모시오냐투냐[*아프리카의 빅토리아 폭포]를 보았을 때의 감동을 잊지 못한다.

물리학의 중력가속도 따위로는 설명할 수 없는 웅장함과 바닥에서부터 수백 미터를 다시 올라와 나를 흠뻑 적신 수증기들…

근처 마을에서는 항상 폭포의 장엄함이 땅을 울리고 있었다.

천하를 호령하는 장군의 기상이라고나 할까.

하지만 그 느낌을 표현할 수 있는 자는 《삼국지》를 쓴 나관중 정도가 아닐까 생각 했었다.

남미의 이과수 폭포는 요염함이 상당하다.

오르락내리락 들락날락하는 모양새가 화사한 기생 같다는 느낌이다. 아마도 그녀를 표현할 수 있는 사람은 연암 박지원 정도일 것이다. 폭포 밑에서 바라보이는 절벽의 다채로움은 -(딱히 폭포의 규모까지 생각하지 않더라도) 세계 3대 폭포로 칭송받는 연유를 충분히 알고도 남게 했다.

세계에서 가장 길다는 앙헬(엔젤) 폭포. 역시 사람의 마음을 빼앗는 무언가가 있다. 건기에는 공중에서 물이 모두 사라지고 폭포 아래에서는 아무것도 발견할 수 없다는데, 앙헬 폭포까지 가기 위한 1박 2일의 뱃길도 상당히 매혹적이지만, 오지의 강물과 수많은 폭포들을 거느리고서도 최종 목적지로서의 매력을 잃지 않는 폭포의 위상은 가히 3대 폭포를 능가할 만한 것이었다.

또 여행길에 만났던 수많은 폭포들의 감동은 어떠했던가!

떨어지는 와중에도 찬란한 태양빛을 반사시켰던 무지개 폭포,

여러 마리의 용이 승천하는 모습을 보여 주었던 폭포,

모양에서 기인한 슬픈 전설을 지니고 있어 내 마음을 울렸던 폭포…

…나를 실망시켰던 것은 캐나다의 나이아가라 폭포였다.

규모도 낙차도 대단할 것이 없었지만, 무엇보다 나이아가라 폭포가 뿜어내는 기상이 나를 실망시켰다.

우기에 오지 않았으니 진가를 볼 수 없는 것이라 위로해 보았지만,

우기에는 수증기에 가려 형태조차 볼 수 없다는 모시오냐투냐(빅토리아 폭포)에 비할 바도 아니었고, 아무리 우기의 거대한 수량을 상상해 보아도 그 이전에 나이아가라가 뿜어내는 기상이 평균 이하라는 느낌은 지울 수가 없었다.

만약 누군가가 내게 폭포에 대해서 물어본다면 나는 나이아가라보다 규모는 작더라도, 그것 따위와는 비교도 안 되는 최소 열 개 이상의 폭포를 선정할 자신이 있다. 아니. 몇 개의 폭포를 선정하든지 간에 나는 나이아가라가 우리 집 앞 개천의 작은 폭포보다도 매력 없다는 생각을 지울수가 없었다.

그런데 왜 나이아가라가 세계 3대 폭포 중에서도 최고로 뽑히게 된 걸까?

뉴욕에서 만난 후배는 그런 말을 했다.

"누나는 폭포의 겉모습만 보는 거야? 나이아가라 폭포가 세계 부호들에게 가지는 상징적인 의미를 생각해 보라고.

저 폭포에서 나오는 어마어마한 전력이 누구를 위해서 쓰이는지, 저기서 나오는 경제력이 누구를 부자로 만들어 주고, 미국의 정치인들을 어떻게 움직이는지.

미국의 권력자가 나이아가라 댐을 구경하면서 미국의 경제사를 공부하게 된다면 새삼 존경스럽고, 가장 칭송하고 싶은 폭포가 되는 건 당연한 게 아닐까? 저 댐으로 권력을 움켜쥔 이들은 빅토리아나 이과수를 일생에 한 번 관광하고 말겠지만 나이아가라는 매 시즌마다 와서 칭송하고 갈 거라고!"

... 꼭 그렇지만은 않을 것이다. 이과수 폭포에서 만난 여행족들도

나이아가라 폭포가 더 좋다는 얘기를 했었으니까. 그들이 미국의 역사나 경제사에 관심이 있어 보이지는 않았다. 다만, 나도 언젠가는 나이아가라 폭포를 볼 것이라는 생각에 무엇이 매력적인지를 묻지 않았다. '아는 것만 본다.'라는 나의 인생 철학처럼 미리 알고 가면 편견을 가지고 나이아가라를 만나게 되지 않겠는가!

하지만 지금 와서 생각하면 그들의 연락처를 묻지 않았던 것이 조금 아쉬울 뿐이다.

아마도 그들과 나, 후배는 서로 다른 가치관으로 세상을 살고 있음이 분명할 텐데 말이다.

파리의 뒷골목

미국의 어느 도시.

내가 있는 싸구려 숙소에는 각국의 가난뱅이란 가난뱅이들은 다 모여 있는 것처럼 보였다.

남미에서 일자리를 찾아 올라왔다는 십대 소년은 학교 다닐 때 선생님만큼 섹시한 존재도 없었다면서 밤마다 술 취한 눈빛으로 추근거렸고, 남자친구와 여행 중이라는 유럽 여학생은 내가 무엇인가를 훔쳐 가지 않을까 경계하는 얼굴빛이 역력하였다.

한방에 40여 개의 침대가 놓여 있는 그곳에서 제대로 된 사람은 미국회사로 인턴을 나왔다는 프랑스 흑인 아가씨밖에 없어 보였다.

얼핏 보기에 그녀는 이곳에 어울리지 않았다.

19살이라는 젊음이 싱그러웠고, 총명하게 빛나는 눈동자, 오렌지 빛 검은 피부에 탄력 있는 피부, 우아한 몸가짐…

그녀가 하얀색 캐주얼 정장을 입고 숙소를 나설 때면, 마치 흑진주 같다는 생각에 문득문득 부러워지곤 했다.

그녀에겐 작은 버릇이 있었다. 퇴근을 하면서 늘 인근 햄버거 가게에서 햄버거를 사와 나눠 먹을 누군가를 찾곤 했는데 간식으로 한 개를 다 먹자니 살찔 것이 두렵고, 그렇다고 포기하기에는 고급 햄버거 값이 너무 싸다는 것이다.

골목 끝 햄버거 가게에서 가장 싼 햄버거의 가격은 우리 돈으로 15,000원. 매일 아침 숙소 앞 빵집에서 샌드위치와 테이크아웃 커피를 들고 출근하는 그녀를 보면서 유럽인의 경제력이 은근 궁금해졌다.

"나? 월급이 얼마냐고?"

조금 조심스러운 질문에 그녀는 무안한 듯이 웃으며 중얼거렸다.

"그렇구나. 네 눈에는 내가 부자로 보이겠구나!"

프랑스에서는 파리 근처 뒷골목에서 살았다는 그녀는 그런 말을 했다.

"여기가 더럽다고 생각해? 비싸다고 생각해? 그건 네가 프랑스 뒷골목을 안 가봐서 그래. 프랑스에서 이 정도 햄버거를 먹으려면 최소한 12Euro(2만 원)는 줘야 한다고. 여기서는 인턴 일에 월급 900$(120만 원)를 주지만, 프랑스에서는 내게 600Euro(100만 원)밖에 주지 않아. 아시아인들은 우리가 부자라고 생각하지. 걔네들은 파리의 거리와 물가만 볼 뿐이지, 실제 나라의 복지를 받아서 사는 사람들이 아니니까.

우리도 유럽의 복지가 잘 되어 있다는 것은 알고 있어. 하지만 너도 알고 있잖아. 직업있는 젊은이들에게 매겨지는 터무니없는 세금과 유럽의 물가, 그리고 직업을 찾아 헤매는 사람들. 파리에서 동양인 여행자나 유학생을 보면 쟤넨 자기네 나라에서 귀족 급이겠구나 하는 생각에 얼마나 부러움이 밀려온다고."

"인턴일이 끝나면 월급이 얼마 정도 되는데?"

"별로 많지 않아. 아마도 1,300$(170만 원) 정도? 사실 프랑스에서도 나 혼자 산다고 한다면 괜찮지. 하지만 파리에 있는 우리 할머니, 아버지, 동생들 모두 함께 살아야 한다고 생각해 봐. 거리에는 흑인 차별이 없다고 해도 세계 어딜 가나 빈민촌 차별은 있는 법이라고. 언젠가는 유럽에도 가보고 싶다고 그랬지? 만약 그때 내가 프랑스에 있다면 우리 집에 초대해 줄게. 하지만 혼자서는 뒷골목에 가지마. 우리들 눈에 동양인 여행자들이 얼마나 부러운지를 안다면 넌 절대 그런 생각 못할 거야."

유럽 대륙...

나는 한 번도 파리를 다녀온 친구들에게서 프랑스 뒷골목 이야기를 들어 본 적이 없다.

그래서 나도 그저 잘 사는 사람들, 복지 혜택으로 자유롭게 자신의 꿈을 쫓아 사는 사람들만 있는 줄로 알았다.

관광객들 눈에 보이는 환율과 복지정책에 현혹되어 나 역시 많은 사람의 다양한 모습들을 하나인 양 착각하고 살아왔던 것이다.

그날 이후, 여행을 나설 때마다 그녀의 모습을 찾는 버릇이 생겨 버리고 말았다.

나는 여기서 무얼 보고 있을까?

처음 걷는 거리에서 많은 이야기가 지나간다.

그리고 여행이 깊어질수록... 그녀가 떠오를 때면

낯선 거리에서 내가 정말 아무것도 모른다는 사실을 깨닫게 된다.

[낙서장] 어느 날의 낙서

남미의 부실 식사:

닭발 + 닭똥집수프

아프리카의 부실 식사

사탕수수 + 친구에게 얻은 바나나

+ 덜 익은 조밥과 생선 머리

홈피에다 일기를 썼다.

아침: 빵과 잼, 물

점심: 빵과 소시지, 오렌지주스

저녁: 점심에 먹다 남긴 빵과 소시지, 오렌지주스. 사과 하나

자꾸 이렇게 배가 고프면...

흐흐흐흐흐...

... 외국에서 삐뚤어질 테닷 !!!

생전 처음으로 오빠에게 철 지난 세뱃돈을 받았다.

딸내미 맹수교육 시키기로 유명한 울 엄마가...

비행기 값 줄 테니 그냥 집에 오라는 이메일을 보냈다.

후후후후후... 음 그래...

이렇게 나가면 유럽행 경비는 확실히 뺑 뜯을 수 있겠어.

... 라는 생각을 잠시 했었다.

여행자의 사랑

지금으로부터 17년 전. 독일에서 잘 나가는 회사의 창업 멤버였던 테드는 장기 휴가를 내고 남미 여행을 왔다고 한다.

여행을 시작한 지 몇 달도 채 되지 않아 콜롬비아 작은 마을에서 사랑에 빠졌고, 남은 여행 일정은 그녀와 함께하리라 결심했다. 그러나 불과 몇 달 후, 그녀는 구토를 시작했다. 의사는 그녀가 길어야 1년을 살지 못할 것이라고 진단했다.

"처음에는 믿지 않았습니다. 여긴 시골이니까 잘 모르는 거겠지, 좀 더 큰 병원으로 가면 그녀가 살 수 있겠지. 하지만 어느 병원으로 가든 의사들은 같은 말을 했습니다.

나날이 야위어 가는 그녀를 보면서 그녀가 죽을 것이라는 것을 실감했고, 언젠가는 그녀가 떠난다는 것이 나를 괴롭혔습니다. 끝까지 그녀 곁을 지키리라 다짐했지만 회사의 휴가도, 여행 비자도 거의 끝나가고 있었습니다. 어쨌든 전 독일로 돌아가야 했지요. 그래서 나는 그녀에게 약속했습니다. 독일로 돌아가서 모든 것을 청산하고, 다시 돌아와 평생 그녀 곁을 지키겠다고요."

하지만 독일 생활의 청산은 그리 쉽지 않았다.

1년이라는 시간 동안 직업적 감각과 일처리 능력은 무섭도록 퇴화되어 있었고, 정리해야 할 서류들과 결제해야 할 여행 경비들. 모든것을 제자리로 돌려놓기 위한 야근 야근 야근…

"처음에는 정말 그만둘 생각이었습니다. 하지만 서류들을 보다 보니 다시 일에 대한 욕심이 나기 시작했죠. 문득문득 그녀의 잔상이 떠오르긴 했지만 그래, 이것만 처리하고 그녀에게 돌아가는 거야. 그래, 이것만 처리하면 정리할 수 있겠군… 하지만 해야 할 일은 끝이 없었습니다. 게다가 그것만이 전부는 아니었을 것입니다. 나는 두려웠던 겁니다. 콜롬비아로 돌아가면 언젠가는 혼자된다는 두려움, 그녀가 없는 그곳에서 나는 또 어디로 가야 하나 내게 묻고 또 물었습니다."

어느덧 17년이 흘렀다.

테드는 잠시 여자친구를 사귀기도 했지만, 일에 중독된 그를 그녀는 쉽게 떠났다.

"작년에 은퇴했지요. 17년 전 중지했던 여행을 다시 시작해야겠다고 생각했습니다. 다시 한 번 남미행 비행기를 탔고, 콜롬비아에 왔지요. 아련한 죄책감과 함께 희미해지던 그녀였습니다. 하지만 이곳에 왔을 때 그녀와 닮은 풍경들이 추억을 다시 되돌려 놓았습니다.

나는 천국에 있을 그녀에게 이메일을 보냈지요. 17년 전 내가 그녀에게 만들어 주었던 이메일입니다. 용서해 달라고, 내가 비겁했다고, 하지만 아직도 사랑하고 있다고…"

그로부터 4일 후, 놀랍게도 그녀에게서 답메일이 도착했다.

"그녀의 답메일을 받고 나는 울고 말았습니다. 지난 17년 동안 그녀가 아직도 살아 있었다는 사실에... 17년, 17년이라는 세월이었습니다. 그리고 그녀의 이메일은 어째서 아직도 살아 있는 걸까요?"

"그녀는 17년간 당신을 기다렸던 걸까요? 결혼하지 않았을까요?"

"몰라요. 모릅니다. 그녀는 아무런 얘기도 쓰지 않았어요. 병은 다 나은 것인지, 결혼은 했는지, 어떻게 살고 있는지. 그래서 다시 이메일을 보냈어요. 지금 콜롬비아에 있고, 당신을 다시 만나고 싶다고."

테드의 목소리는 가늘게 떨리고 있었다.

... 아쉽게도 나는 이 뒷이야기를 모른다.

숙소에서 우리가 술파티를 벌이고 있는 동안 그는 컴퓨터 앞에 앉아 이메일 확인만 딸깍거리고 있었다. 그리고 다음날 새벽, 어둠 속에서 컴퓨터 앞에 앉아 있던 실루엣이 내 기억 속 마지막 모습이었다.

내가 먼저 그 마을을 떠났기 때문이었다.

여행자의 사랑...

스쳐 가는 여행의 길가에서 우리는 종종 영혼의 반쪽을 마주친다. 하지만 내가 들었던 모든 이야기는 특별하지만 헤어져야만 했던, 가슴 아픈 사랑이야기들뿐이었다.

그래서 그런 생각을 했었다. 테드의 이별은 처음부터 정해진 것이었다고. 그녀의 사랑은 모르겠지만 테드는 여행을 떠나온 사람이 아니었던가. 그도 그녀도 그것을 알고 있었을 것이다. 그러기에 그녀도 17년이라는 세월을 뛰어넘어 그렇게 답을 할 수 있었던 것은 아니었는지.

그리고 몇 달이 지난 어느 날.

나는 거의 휴면상태에 있던 테드의 페이스북에서 한 줄의 일기를 발견할 수 있었다.

'만약 다음 생이 있다면 당신을 다시 만나고 싶습니다.'[7)]

나는 처음으로...
여행자의 사랑이야말로 운명일 수 있음을 깨달았다.

Part 4. 여행의 추억, 내면과의 조우

인도인의 꿈, 여행자의 꿈

인도를 떠올릴 때면 언제나 생각나는 풍경이 있다.

아침부터 빵빵거리는 경적 소리, 매연 섞인 향신료, 앞니 빠진 소매치기, 나만 보면 미친 듯이 짖어 대는 무식한 강아지, 외국인만 보면 인상을 쓰는 배불뚝이 아저씨. 그리고 한번 길을 잃으면 절대로 빠져나올 수 없다는 바라나시의 뒷골목…

나는 자살 충동이 있는 우울증 환자에게 인도 여행을 권한 적이 있었다. 그는 내 충고를 기꺼이 받아들여 - 나에게 등 떠밀리듯 떠났지만 - 어쩌면 그는 더욱더 우울하고 싶어서 떠난 건지도 모른다고 생각했었다.

하지만 장담하건대, 인도 특유의 시끄러운 소리와 악취 때문에 그의 우울증은 무참히 깨질 것이다. 거리에서 만나게 되는 사기꾼과 치한 덕분에 짜증이 실시간으로 밀려오면서, 삶의 투쟁 의식이 불러 일으켜질 것이다. 어쩌면 그가 한국에 돌아올 때 즈음이면, 삶에 대한 전투지수가 최강이 되어 있을지도 모른다.

… 적어도 나의 경험이 그랬다.

인도는 정말로 지긋지긋한 곳이었다. 한국을 떠나온 지 몇 달도 되지 않았지만 인간의 이성이 사라질 것만 같았다.

도시를 떠나는 기차 안에서 3층 침대칸에 올라갔다. 3층이라는 높이 때문에 이곳이라면 프라이버시를 침해받지 않을 것만 같았다.

하지만 인도 여행은 언제나 생각과는 다른 곳에서 서 있었다.

맞은편 아래 침대칸에 앉아 있는 인도인 아저씨... 아예 내게 눈을 떼지 않으리라 작정을 한 듯 보였다.

인도 여행자라면 누구나 한 번쯤은 겪어 봤을 것이다.

시커멓고 왜소한 체격에 더러운 양복바지, 구멍 뽕뽕 뚫린 러닝셔츠. 내게 고정되어 있는 눈동자에는 노란 황달기가 보였고, 절대로 그럴리는 없겠지만 -(그래도 만약 그가 내게 말을 건다면) 노랗게 닳은 이빨에서 심한 악취가 풍길 것이라는 것을 쉽게 상상할 수 있었다.

마음의 부담이 심하게 밀려온다. 시간을 보니 저녁 7시.

하지만 그의 강렬한 눈빛에 완전히 항복해 버린 나는 저녁식사도 포기 한 채 일찌감치 잠을 자기로 했다.

... 솔직히 잠은 안 온다.

뒤돌아보면 그가 나를 올려보며 앉아 있다. 어떻게 하든 그의 눈빛에서 벗어나고 싶어 억지 미소까지 지어 보았지만, 그는 여전히 강렬한 눈동자로 뚫어져라 쳐다볼 뿐이었다.

... 나는 몇 번이나 신음소리를 내며 뒤척였다.

억지로 잠을 자려 하니 머리가 아플 수밖에.

그래도 어느덧 꿈속으로 들어왔나 보다. 꿈속에서 누군가의 화난 소리가 들려왔다.

사람들의 웅성거림. 그리고 울먹이는 목소리.

"Excuse me Madam!" (실례합니다. 마담! [*마담: 부인을 존칭하는 말])

차장이 침대를 두들겨 나를 깨웠다.

에이, 겨우 잠들었는데.

약간 짜증스러운 표정으로 눈을 뜨니 차장은 무엇인가를 내민다.

지갑이었다.

"Yes, this is mine." (예, 제 것이 맞는데요.)

대략 이야기는 그렇다. 내가 잠들지 못해 뒤척이는 사이 침대 위에서 지갑이 떨어진 것이다. 그는 내 지갑을 주웠고, 고민을 했다.

만약 지갑을 다시 침대 위에 올려놓는다면 지갑은 다시 떨어질 것이다. 만약 나를 깨워 지갑을 건넨다면 아까 겨우 잠이 들었는데 다시 잠드는 데 상당히 괴로워할 것이다.

그래서 그는 내가 일어날 때까지 기다리기로 했다.

기차는 오래전에 그가 내려야 할 역을 지나 버렸고, 표 검사를 하던 차장 아저씨… 화 나셨다.

사람들은 지갑 안에서 없어진 것이 있는지 확인하라고 했다.

확인할 것도 없었다. 이것은 그냥 군것질용 간이 지갑. 그리고 이들에게 있어서도 동전 몇 개는 그리 큰 돈이 아니었을 것이다.

하지만 차장 아저씨는 흡족하셨나 보다. 여전히 화를 내고 잔소리를 하면서도 그를 대하는 표정은 한결 부드러워져 있었다.

그리고 예상한 만큼 노란 이빨로 악취를 풍기며 활짝 웃는 그에게 "단야밧." (감사합니다)를 연발해야 했던 나... 솔직히 지갑을 들고 도망가지 않은 아저씨가 원망스럽기까지 했었다.

며칠 후.

어느 강가에서 내게 짜파티[*납작한 밀가루 빵]을 나눠 줬던 인도인이 그런 말을 했다. 베풀어 준 은혜를 모르면 언젠가는 업으로 돌아오게 된다고. (그러니 가난한 자기한테 짜파티 얻어먹은 거 잊지 말라고.)

아니, 인도 여행이라고 해서 굳이 인도인 생각까지 들먹일 필요는 없을 것 같다. 그냥 대부분의 사람들이 살아가는 데 있어서 상대방이 더럽다는 이유만으로 친절조차 싫을 때가 얼마나 자주 있을까.

그리고 그날 이후, 나는 괜히 사람의 마음을 들여다보려는 버릇이 생겨 버리고 말았다.

여행자들이 꿈꾸는 세상에 대한 통찰력...

그것은 인생의 경험에서가 아니라, 사람을 대하는 마음속 순수함에서 생긴다는 것을 생각하면서 말이다.

거리의 작은 철학

콜까타의 칼리 신전 앞.

아침부터 산 제물을 잡는다고 떠들썩하더니 알고 보니 염소를 잡아 사람들이 나눠 먹는 거라고 한다.

불과 몇십 년 전까지만 해도 진짜로 산사람을 잡아 제물로 바쳤다는 깔리 신전.

정말로 산 사람을 잡는걸 보고 싶다는 건 아니었지만, 그래도 어린 염소를 잡는 것이 그들이 선전하는 것처럼 특별할 수는 없었다.

[*주: 깔리 신전에서는 불과 백여 년 전까지만 해도 정말로 산 사람을 공양했다고 관광객들에게 선전하고 있으나, 역사학자들에 의하면 실제 그런 의식이 행해졌는지에 대한 기록은 어디에도 남아 있지 않다고 한다.]

어느 덧 점심 때가 되었다.

신전을 나오니까 뒷문 쪽에 걸인들이 늘어서 있다. 신전에서는 점심 때 밥을 공짜로 준다고 했다.

한국인의 관점에서 인도 사람을 평가하자면 한마디로 오지랖이 넓다. 더럽고 가난한 건 둘째치고 기초 교육조차 받지 못한 사람들.

그러나 인도 여행자들이 기대하는 것처럼 이들은 항상 영혼의 친구를 사귀고 인생에 대해 조언을 해 주고 싶어 했다.

우스운 점이 있다면 한국에서는 미친놈 취급을 해 버릴 사람들인데 인도에서는 그리 싫지 않다는 점이다.

그들은 언제나 인간의 영혼이 나 삶의 지혜, 그리고 인도의 현실에 대해서 떠들어 댔다. 그리고 내 반응을 조금 지켜보다가 내가 인도어를 모른다는 것을 깨달으면, 정말로 알아듣기 쉬운 형편없는 영어로 단계를 낮추어 인생을 논하기 시작했다.

...히피 기질의 사람이 인도를 사랑할 수 있는 가장 큰 이유는 어디에서나 친구를 만들 수 있다는 점이다. 그들은 내가 어디서 왔는지, 무엇이 문제인지를 묻지 않고 내가 왜 인도에 왔는지를 묻곤 하였다.

만약 인도를 다녀온 어느 배낭족이 이 글을 읽고 있다면 그들은 돈을 노리는 사기꾼이라고 말할지도 모르겠다. 우리가 꿈꾸었던 환상적이고 철학적인 이미지와는 달리, 인도에서 만난 상당수의 여행자들은 혐오스러운 표정으로 '인도는 없다'며 인도를 말했다.

...하지만 나는 인도가 없다는 여행자에게 묻고 싶었다.

한 번이라도 거리에서 냄새나는 밥을 얻어먹은 적이 있는지? 악취를 참아가며 더듬거리는 힌두어로 인생에 대해 이야기를 해 본 적은 있는지? 숫자를 제외한 현지어는 얼마나 할 수 있는지? 배탈이 나는 것과 상관없이 거리의 물을 마시고, 정말로 아무것도 없는 마을에서 – 전기조차 들어오지 않은 집에서 – 단 며칠이라도 현지인 집에 머물러 본 적이 있는지를 말이다.

[*주: 현지인의 집에서 머무는 것은 경우에 따라 상당히 위험할 수도 있습니다.]

사람들은 인도인들이 거짓말쟁이라고 했다. 그것은 사실이었다.

인도가 위험하다고도 했다. 그것도 사실이었다. 그래서 그들은 여행자들의 안전을 위해 모든 것들을 꽁꽁 묶어 관광 상품을 영위해야 한다고 말했다.

하지만 나는 인도에 실망했다는 그들이 왜 아직까지 인도에 있는지가 궁금했다. 그리고 인도의 철학을 찾아 여행을 왔다는 그들이 왜 관광 상품을 영위하고 있는지도 궁금했다.

누군가가 내게 물었다.

"당신은 행복하고 싶어서 여행하는가? 고통을 배우고 싶어서 여행하는가!"

커다란 접시 위에 든 밥을 나눠 먹으며 자칭 인생의 친구는 인도와의 인연을 이야기했다.

내가 뭔가 해답을 얻기 위해 인도에 왔을 거라는 이야기인데...

음... 그리고 나는 며칠 전에 헤어졌던 이스라엘 남자[*주: 사랑과 shut up] 이야기를 했던 것 같다. 가슴 아픈 사랑 이야기라고 말했었지만 아니다. 진실을 말하자면 나는 그냥 흔들렸던 것뿐이었다.

내가 가지고 있는 마음의 방황으로 여행을 시작한 지 겨우 한 달 남짓 할 때의 이야기였다. 그는 어디서나 흔히 볼 수 있는 인도 여행자였고 우리는 짧은 시간 같은 여행길을 함께 올랐을 뿐이었다.

시작은 단순히 여행의 동반자였을 것이다. 그리고 나를 위한 변명을 하자면 나는 방황을 하고 있었고, 알 수 없는 절망감에 외로움조차 깨닫지 못하고 있었다. 그리고 그때 함께했던 그는 항상 재미있고 따뜻한 존재였다.

그에게 사랑 고백을 받았을 때, 내 마음은 그가 여행의 동반자가 아닌 인생의 동반자일지도 모른다고 내게 속삭이고 있었다.

… 친구는 진지하게 내 서툰 영어를 듣고 있었다.

옷에서 풍기는 오래된 악취와 바구니를 뒤집어쓰고 잘랐을 몽실이 머리가 우스웠지만, 낯선 여행자의 해답 없는 이야기를 듣고 있는 그에게서는 알 수 없는 인도의 향수가 흘러나오고 있었다.

그는 인도인의 사랑이야기를 했다. 남편과 아내는 사회 관습에 따라 묶이는데, 그의 계층에서 대부분의 사람은 딸을 밥 몇 그릇에 시집보낸다고 했다. 결혼은 했지만 아내는 다른 남자에게 몸을 팔아 남편과 아이를 먹여 살리고 다른 남자의 아이를 낳아도 사회와 남편은 그 아이를 남편의 아이로 인정한다고 했다. 그래도 그들이 서로 사랑할 수 있는 이유는 너무도 가난하기 때문에 서로밖에는 아무것도 없기 때문이라고 했다.

그의 목소리는 지극히 평화로웠지만 어릴 때 결혼시켰던 두 딸이 모두 과부가 되어 바라나시의 어느 성 안에 갇혀 산다고 했을 때, 그의 눈빛은 조금 허공을 바라보고 있었다.

그리고 이것은 몇몇 사람들의 이야기가 아니라 그들 계층의 보편적인 이야기라 말했다. 그리고 자신의 삶도 아내의 삶도, 그러하다고 덧

붙였다.

사랑과 질투, 세속에의 욕망, 친자의 진실을 떠나 가난한 이들의 사랑 법은 서로의 영혼을 바라보는 것이라 했다. 그리고 때론 너무나도 고통스러울 때가 있지만 마음이라도 함께할 수 있는 누군가가 있다는 것으로도 충분히 축복받은 생이라고 말했다.

그는 나에게 인도까지 찾아와 달라이라마를 만나려 했던 것이 깨달음을 기대했던 것이 아니라, 그의 슬픔을 느껴 오히려 위로해 주고 싶었던 것은 아니었냐고 물었다.[*달라이라마: 티벳의 종교적·정치적 지도자로서, 14대 달라이라마는 중국의 탄압을 피해 인도로 망명했으며, 불교에서는 살아있는 부처로 알려져 있다.] 인도에서는 이스라엘 남자를 바라본 것이 아니라 외로운 자신을 바라본 것이 아닌지를 물었다. 테레사 수녀님의 '죽음을 기다리는 사람의 집'에서는 그들의 영혼이 나와 닮아 그리 눈물을 흘렸던 것은 아니었냐고 물었다.

... 나는 오랫동안 고민을 했다.

그리고 나를 방황하게 만들었던 모든 현실이, 그리고 그 모든 영혼들이 한국에 있다고 대답했다.

그는 나에게 왜 인도에서 해답을 찾는지 묻는다.

나는 해답이 아니라 좀 더 큰 영혼으로 성장하여 모든 것을 포용하고 싶은 것이라고 답했다.

...그날의 기억은 여기까지다.

우리는 오랫동안 대화를 했고, 나는 아무런 교육도 받지 못했다는 그에게서 알 수 없는 질투와 평안, 그 상반된 감정을 동시에 느끼고 있었다. 그는 인생에 대해 더 많은 것을 알려 주려 했는지도 모른다.

하지만 내 기억이 여기까지인 것은 여기까지 이해했기 때문일 것이다. 한참을 설명하던 그가 말을 멈추고 물을 마시겠냐고 물어봤던 것으로 봐서는 말이다.

친구가 물을 뜨러 간 사이, 다른 친구가 내게 말을 걸었다.

지금 내 가방 안에 무엇이 들어 있는지, 자신에게 줄 것이 없는지를 물었다. 그리고 자신은 배탈이 났다며, 외국인인 내가 인도 음식을 먹는데 프라블럼(배탈)이 생기지 않는지를 물었다.

그리고 진정한 깨달음을 위해서, 자신들에게 많은 것을 적선하고 떠나야 한다고 강조하였다.

프라블럼(배탈)이 생기는 것은 노 프라블럼(문제없음)인데...

인도에서는 언제나 화장실 없는 것이 빅 프라블럼이었던 것이 기억난다.

도대체 얼마나 고수가 되어야 태연히 노상방(뇨)분을 할 수 있는지,

인도 고수의 길은 아직도 험난하기만 하다.

영혼의 빛

'세상에 신이 있고 없음을 어떻게 증명할 수 있을까?'

세상에 신이 없다면, 그래서 신이 없음을 증명하려 한다면 그것은 쉬운 일이다. 인간과 똑같은 단백질 구조물을 만든 다음 그것이 인간과 똑같이 살아가는 것을 보여 주면 되니까.

하지만 만약 신이 있다면, 그래서 인간에게 영혼이 필요한 것이라면, 이 피조물은 움직이지 않을 것이다. 그러면 나는 모든 것을 다시 시작해야만 한다. 신이 있는지 없는지 알지 못한 채.

그러면 나는 신에게 기도할 것이다. 신이 있음을 증명하기 위해서 불쌍한 나를 위해 영혼을 선물해 달라고. 그리고 만약, 신께서 나의 소원을 들어준다면 나는 다시 고민에 빠질 것이다. 신이 주신 인간의 영혼을 피조물의 어느 부분에 넣어야 할 것인지.

만약 당신의 영혼이 어디 있는지 궁금하다면 자신에게 물어보라.

'사람의 몸에서 가장 중요한 곳은 어디입니까?'

이성으로 살아왔던 과학자는 뇌라고 말할 것이다.

사람들과 살아가는 자는 심장이라고 대답할 것이다.

단전 깊숙이 영혼을 숨겨 둔 자는 의지로 세상을 개혁하려 할 것이고,

윤회사상을 믿는 인도인들은 자신의 영혼을 눈동자에 숨겨 두었다.

인도의 성지여행, 깐냐꾸마리로 가는 기차 안에서의 일이다.

누군가가 창을 두드려서 쳐다보니 출발 역에서 길을 물었던 소년이다. 그는 자기도 깐냐꾸마리로 가는 중이라고 했다. 자신은 여성칸으로 갈 수 없으니 옆 칸으로 놀러 오란다.

가볍게 웃으며 고개를 저었으나 또 혹 하나 달렸구나 하는 생각이 들었다. 아까 길에서는 아무 얘기도 없었구만 갑자기 깐냐꾸마리에 가는 길이라고? 그런 우연의 일치를 믿기에는 나는 너무 순진하지가 않았다.

어리버리했던 여행자의 경험으로 보건대, 인도에서 누군가가 따라오는 것은 결코 유쾌한 경험이 아니었다. 그들은 절대 우정만을 요구하지 않았다. 누군가는 내 몸을 더듬었고, 누군가는 돈을 바랐다.

인도에 한해서는 아무도 믿을 수가 없었다. 인도니까 적당히 속아줘야지 하는 데도 한계가 있었다. 한국에 있을 때는 '진정한 내 것이 없다'라는 그들의 철학에 환상을 가졌지만, 막상 이곳에 와보니 나를 거지로 만들겠다는 철학이었다.

소년이 창가에 매달려 소리치고 있었다. 그의 말도 황당하기만 했다. 그의 이론에 의하면 우리는 이미 친구였다. 그것도 그냥 친구가 아니라 영혼의 친구였다. 그의 이론에 의하면 마치 내가 그를 만나기 위해 인도로 온 듯 보였다. 그와의 말싸움에서 이길 리도 없었다. 나는 그냥 소년을 외면해 버렸다. 기차가 출발할 듯 보이자 소년은 다급한 표정으로 나를 바라보더니, 창가에서 뛰어내려 자신의 3등석 칸으로 달려갔다.

그리고 그 다음역에서도, 그 다음역에서도… 소년은 기차가 멈출 때마다 뛰어와 창가에 매달렸다.

기차는 중간 목적지에 도착했다.

나는 또 다시 기차를 갈아타야 했다. 역 수돗가에 서서 잠시 씻고 있는 사이 그가 나타났다. 그리고 자기소개를 시작했다.

유창한 영어로 외국인 친구가 많다고 자랑하는 걸 보니 역시 어린 애라는 생각이 든다. 말하는 내용을 들어 보니 돈이나 연애를 기대하는 것은 아니고, 진짜 외국인 친구를 사귀고 싶다는 환상만으로 쫓아온 것이 분명하였다.

소년을 무시하고 다시 여성 칸에 올랐다. 이번에는 아예 소년이 볼 수 없도록 안쪽 깊숙이 들어갔다.

짐칸에 올라 하룻밤을 지내고, 또 다시 열차를 갈아타야 할 시간.

매표소에 서 있는 나에게 그가 오더니 곤란한 목소리로 열차표를 사 달라고 부탁한다. 급히 나오느라 돈을 충분히 가지고 나오지 못했다고 했다.

"난 혼자서 여행할 생각이야. 그만 포기하고 돌아가."

"나도 알아. 나는 그냥 깐냐꾸마리에 가는 거야. 깐냐꾸마리는 우리

인도인들에게 성지와 같은 곳이거든. 다음 역에는 내 친구가 살고 있어. 기차가 도착하면 친구가 돈을 갚아 줄 거야."

"차라리 집에 가는 기차표를 사 줄게. 돈은 안 갚아도 좋으니까 돌아가는 게 어때?"

"넌 날 안 믿는구나? 하지만 난 무슨 일이 있어도 깐냐꾸마리로 갈 거야! 그리고 네 돈도 갚겠어!"

이번 역에서 내가 타야 할 기차는 밤에나 출발한다고 했다.

친구를 찾아가서 돈을 빌려오겠다고 떼를 쓰는 소년에게 결국 택시비를 내어 주었고, 친구 집에 다녀와서 마을을 안내해 주겠다는 소년을 무시한 채 나 혼자 역을 나섰다.

운이 좋았나 보다. 마을은 축제일이라고 했다. 짐을 찾기 위해 역으로 돌아온 나를 소년은 기다리고 있었다.

택시를 타고 친구를 찾아갔지만 친구는 집에 없었다고 했다. 아침에 내가 사 준 기차표를 도둑맞았으니 다시 사달라고 했다. 기차가 정차하는 다음 도시에는 친척이 살고 있다고 했다. 그는 물품보관소까지 쫓아와 가방을 붙잡으며 표를 사 달라고 애원을 했다.

나는 결국 폭발하고야 말았다. 소년의 진심이 무엇인지, 정말로 돈을 갚을 것인지는 중요하지 않았다. 인도에서 흔하게 겪어야 했던, 끝까지 달라붙는 인도 사람들을 더 이상 참을 수가 없을 뿐이었다! 끈질긴 꼬마녀석 같으니라구!

작은 마을에서 소문은 빠르게 퍼졌다.

음식점의 한 손님이 내 얼굴을 쳐다보더니, 역에서의 소문을 들었다며 못마땅한 듯 힌두어로 떠들어 대고 있었다.

역으로 돌아가자 경찰이 나를 기다리고 있었다. 소년의 아버지가 오고 있으니 하루만 기다리라고 했다. 경찰은 소년의 아버지가 돈을 갚아 줄 것이라고 했지만, 우리 돈 만 원을 받기 위해 하루를 허비하고 싶은 생각은 전혀 없었다. 게다가 소년에게 돈을 내어 주는 순간 돌려받을 수 있으리라 기대했던 것도 아니었다.

돈을 포기해도 불만이 없다는 서류를 작성한 후 다시 배낭을 맸다. 소년을 떼어 냈으니 진심으로 모든 것이 나와 상관없어지기를 바랐다.

하지만 돌아서는 그 순간, 소년은 울먹이는 소리로 내게 말했다.

"I'm sorry, my friend! (정말 미안해. 내 친구야!)"

소년의 목소리에는 영혼을 울리는 무언가가 있었다. 순간 나는 무엇인가에 이끌려 돌아보았다.

… 상처받은 눈동자!

원치 않는 여행자를 따라온 것은 잘못이라 말해 주었지만,
그 순간부터 소년의 눈동자는 내 심장에 박혀 버렸다.
어쩌면 내가 마음에 평생 남을 상처를 줬는지도 모를 일이다.

몇 주 후.

콜카타에서 자칭 인생의 친구는 내게 말했다.

"그가 무엇을 원했든지 인도인이라면 벌써 당신을 잊었을 겁니다. 그를 기억하고 있는 것은 당신이 인도인이 아니기 때문이지요."

한국인 여행자는 어이없다는 듯이 내게 말했다.

"그럼 너는 범죄자는 학교도 안 다니고 부모도 없다고 생각하는 거야? 어쨌든 너는 돈을 잃었고, 누가 봐도 너한테 돈 뜯으려고 쫓아갔던 거네."

아마도 진실은 소년만이 알고 있을 것이다. 하지만 진실이야 어쨌든 소년의 눈동자는 내게 영혼의 빚을 안겨 주었다.

작은 죄책감과 함께 수년이 지난 지금도 나는 가끔 그를 생각한다.

어느 생에선가 다시 만나게 된다면 나는 기꺼이 빚을 갚아 주리라.

삶에서는 어느 것도 낭비되지 않는다

"고객님, 어떡해요. 제가 실수로 항공권을 잘못 예약해 버렸어요. 지금으로선 태국에 들르는 비행기 좌석이 나지 않는데 일정을 조금 바꾸셔도 괜찮은가요?"

여행사 직원의 울상 어린 전화를 받았다.

두 달간의 인도 여행을 계획하면서 태국도 구경해야지 생각하고 있었는데, 여행사 직원이 실수로 홍콩 경유로 예약하고 까맣게 모르고 있었던 것이다.

항공권을 발권할 때가 되어서야 잘못 예약된 것을 깨달은 그녀는 부랴부랴 내게 전화를 했고, 태국행 좌석이 나지 않는다면서 홍콩 근처 유명한 여행지를 소개하면서 연거푸 내게 죄송하다고 했다.

'이건 사과할 일이 아니라 항공권을 물어내야 하는 일 아닌가?' 하는 생각이 머릿속을 스쳤지만 울상 어린 목소리에 화를 내고 싶지는 않았다. 어차피 4일간의 스탑오버[*비행기를 갈아타는 도시에서 며칠 머무르는 것]가 아니었던가. 일정을 바꾸어 홍콩에 대해 조사를 시작했던 며칠 후, 그녀의 의기양양한 전화를 받았다.

"고객님 태국행 좌석이 났어요. 태국행으로 바꾸시겠습니까?"

그 후 6년의 세월이 흘렀다.

인도를 다녀와서는 중국을 가고, 아프리카, 또 다시 중국, 내몽골, 그리고 남미와 미국, 알래스카... 나는 모두 같은 여행사를 찾았다.

지금 와서 생각하면 그 여행사에는 항상 그녀들의 만행(?)이 있었다.

인도에 다녀올 때는 항공권에 잘못 기재된 영문 이름을 칼로 긁어 수정해 주었고, 중국에 다녀올 때는 각각 다른 항공사에서 편도 항공권을 발권해 주었다. [*주: 저가항공이 없었던 당시에는 편도한장과 왕복표 가격이 비슷했었다.]

또 아프리카를 다녀올 때는 어떠했던가. 목적지 노선의 항공권을 찾지 못해서 내가 직접 전 세계 항공사 사이트를 뒤져서 알려 주지 않았던가.

그런데 문제는 남미에서도 터져 버리고 말았다. 귀국하는 날짜를 연장하려 했는데 항공사에서 뜻밖의 대답이 돌아온 것이다.

"고객님의 항공권은 6개월 이내에서만 날짜 변경이 가능합니다. 만약 항공사에서 사셨다면 우리 쪽 직원의 실수를 인정해서 항공권을 바꿔드리겠지만 여행사에서 사셨으니 여행사 직원에게 문의해 주세요."

여행사에서는 책임질 수 없다는 입장이다.

그리고 일단은 한국으로 돌아온 후 시비를 가리자는, 여행사의 다소 회피적인 대답에 발끈한 나는 여러 여행 사이트에 조언을 구하며 법적인 해결까지 생각하고 있었다.

어느 날 어느 아주머니의 이메일을 받았다.

자신은 단 한 번도 외국 여행을 가 본 적이 없는 여행사 직원이며 두 아이의 엄마라고 했다. 그녀는 내가 아콩카과 추방 건으로 많이 속상해 있다는 것과 아무도 없는 외국에서 혼자 울고 있는 것은 아닌지, 그리고 누군가를 배려하는 마음을 잃고 있는 것은 아닌지를 걱정하고 있었다.

그녀는 이번 항공권 분쟁에 내 편을 들어 주면서도 만약 내 주장대로 여행사 직원이 항공권을 잘못 판 경우이고, 여행사가 보험에 들어 있는 것이 아니라면 여행사에서 책임을 지는 것이 아니라 잘못 판 직원이 자신의 주머니에서 그 항공권을 물어 줘야 한다고. 그리고 작은 여행사에서 잘못 팔린 항공권 값은 어떻게 충당되고 여행사 직원의 수익이 어떤 구조로 이루어지는지에 대해 긴 이야기를 보내왔고, 내가 이해한 수입 구조는 지난 6년간 나를 위해 일해 주었던 그녀들에게 정말로 보상받을 것인지에 대한 인간적인 양심과 배려에 대해 깊은 생각을 하게 만들었다.[*주: 우리는 항공권 문제에 대한 법적인 결론을 내지 않았으므로, 여행사의 의견은 다를 수도 있습니다.]

… 나는 그날 많은 생각을 했었다. 처음 인도 여행을 할 때 아마도 나와 같은 햇병아리였을 여행사 직원의 실수부터, 여행사 여행상품도 아닌 배낭족 비행기 노선을 한 번도 싫은 표정 없이 확인해 주었던 그녀들에 대해서.

대부분의 여행사에서는 내 부탁을 거절했었는데, 내가 요구하는 노선의 항공권은 찾기가 힘들고, 그렇게 항공권을 팔아 봤자 자신들에게 떨어지는 수수료가 없다는 것이 주된 이유였다.

나는 그녀들을 참 좋아했다. 그녀들도 나를 좋아했다. 하지만 그것이 전부는 아닐 것이다. 지난 6년간 그 여행사는 다른 여행사에서 거절했던 일들을 아무 조건 없이 잘 처리해 주고 있었다.

크고 작은 여행들을 하면서 여러 여행사를 거쳐 봤지만 그녀들의 일 성장속도는 빨랐고 일처리는 신뢰할 수 있었다. 기대하지도 않았던 부분에서 여행자 보험이 빠르게 처리되었고, 설사 연락이 안 되는 지역에 있더라도 돌발 상황을 걱정할 필요가 없었다.

덕분에 나는 아무런 걱정 없이 본업에 충실할 수 있었고, 다른 여행자들에 비해서도 평균 이상의 이익과 편의를 얻었던 것이 사실이었다.

그런데 지금 우리는, 누구의 잘못이든 간에 서로간의 사소한 부주의로 인해 법적인 해결까지 생각하는 관계로 변해 버린 것이다.

어느 날 쟈끄에게서 크리스마스 초청장이 왔다.

가족들이 나를 보고 싶어 한다면서 프랑스에 들렀다가 한국으로 돌아가는 항공권도 보내왔다. 언젠가는 한국에 놀러갈 생각이니 그때 신세를 갚으면 된다고 했다. 나와 이메일을 주고받았던 다른 여행자를 통해 내가 곤란하게 되었다는 것을 알게 된 것이다.

인터넷에서 이야기를 읽은 어느 조선족 오라버님은 3,000$(약 400만원)를 입금시켜 주셨다. 한국에 돌아가 부지런히 벌어서 원금만 갚아주면 된다고 했다. 그리고 언젠가 여행기라도 쓰게 된다면, 작가 사인이 든 책을 한 권 보내달라고 농담도 덧붙였다. 우리는 몇 해 전 몽골에서 단 하루를 함께 여행했던 여행 동료일 뿐이다.

글을 읽은 친척들과 여행자들이 약간의 용돈을 보내 주기 시작했다.

결국 나는 쟈끄에게 감사의 마음을 담은 긴 거절의 편지를 쓰게 되었다. 그의 마음이 얼마나 감사했는지, 혼자서 울고 있는 나에게 얼마나 용기를 줬는지.

그리고 조선족 오라버님이 보낸 돈으로 여행사와 나는 항공료를 반반씩 부담하기로 결정했다.

나야 내 여행에 추가되는 돈이니 여행의 경험이다 생각 할 수 있겠지만, 그녀 입장에서는 일을 해 주고도 손해를 봤으니 화가 나고 억울할거라 생각이 드는 것도 어쩔 수가 없었다.

... 나는 좀 더 좋은 해결책을 찾을 수 있었을지도 모른다. 좀 더 웃는 모습으로 서로를 이해할 수 있었는지도 모른다. 하지만 사소한 실수 때문에 감당해야 했던 돈의 액수와 지난 수년간 나를 위해 일하고도 결국은 그녀도 손해를 보았다는 미안함이 나를 웃지 못하게 만들었다.

그녀에게 미안한 마음에, 그리고 그 여행사 사람들과도 틀어졌다는 속상한 마음에 나는 생각했다.

내가 부담해야 했던 132만 원과 잃어버린 6년간의 소중한 거래처에 대해서.

내가 만일 경제적으로 궁핍한 20대가 아니라, 좀 더 안정적이고 여유 있는 30~40대였다면 결코 132만 원 정도에 내가 좋아했던 오랜 인연과 틀어지지 않았을 거라고.

하지만 이야기를 읽은 어느 사막 여행자가 내게 말했다.

세상 누구의 삶 속에서도 경제적인 풍요로움이란 쉽지 않은일이라고.

아무리 많이 벌고, 많이 있어도 미래가 불안한 것은 변하지 않을 거라고. 그러니 이러한 생각도 어디까지나 희망사항일 뿐이라고.

그리고... 여행자의 삶은 누구보다도 내면이 풍요로울 수 있기에,

삶의 끝에서조차 걸어갈 수 있는 용기가 있기에,

우리는 사막의 겨울에서 함께- 희망을 찾으며 살아가는 것이라고 말이다.

.

영혼과 함께 사라지다

아프리카의 어느 거리에서 무의식적으로 중얼거렸다.

"I'm hungry." (나 배고파.)

주변의 친구들이 흠칫거리며 놀란 눈동자로 나를 쳐다보았다.

하루 종일 주변에서 무심하게 앉아 있던 어느 아저씨. 영어는 할 줄 모른다더니 내가 하는 말은 다 알아듣는다.

고개도 돌리지 않은 채 친구들에게 뭐라 뭐라 설명하는데, 유일하게 영어를 할 줄 안다는 녀석이 의아한 표정으로 나를 쳐다보았다.

"배가 많이 고픈 거야, 잠깐 고픈 거야?"

많이 고프다는 개념은 알겠는데 잠깐 고프다는 것은 또 뭐야.

밥 먹은 지 대략 서너 시간. 하릴없이 빈둥대고 있지만 배고플 때 되지 않았나?

조금 고픈 것 같다고 말하니 흑인 아저씨가 희미하게 웃는다.

"그냥 참아."

누군가 짜증스러운 부족언어로 대답했다.

불쾌한 표정을 짓자 눈치 빠른 친구가 변명을 했다.

"기분 나쁘게 생각하지 마. 만약 내가 배고프다고 말한다면 사람들은 내가 곧 죽을 거라고 생각할 거야. 우리는 죽을 정도로 심각하지 않으면 배고프다는 말을 쓰지 않거든."

그러고 보니 내가 사용하는 투아레그어[*아프리카 부족 언어 중 하나]에는 '춥다'나 '덥다', '배고프다'라는 단어가 없다고 했다. 다만, '영혼이 뜨겁다'라는 표현이 있는데 이것은 이미 심각한 지경에 이르러 스스로를 돌볼 수 없음을 뜻한다고 했다. 또 '내일'이라는 단어 대신에 '사라진다'라는 표현이 있다고 했었다.

만약 내가 아프리카 전통 문화를 이해할 수 있다면 문학적이고 낭만적이라 생각할지도 모르겠다. 하지만 아프리카 현실만이 보이는 지금, 이들의 언어는 비극적으로만 느껴진다.

며칠 후... 니아메이의 주유소.

더위에 지쳐 늘어지다가 아무 생각 없이 친구를 보며 말했다.

"나 배고파."

사실 '배고프다'는 한국에서도 내 말버릇일 뿐이다. 나는 그냥 지루함을 참지 못하고 내뱉었을 뿐인데, 사람들은 순간 긴장한 눈동자로 나를 쳐다보았다.

일꾼 중 한 명은 놀란 목소리로 백인(한국인)인 내가 배고프다는 것은 믿을 수 없다고 대답하고, 다른 친구는 갑자기 커다란 눈동자에 눈물을 글썽이며 대답했다.

"나도 알아 그거. 정말 끔찍하지."

...나는 또 말실수를 한 것 같다.

사실 사하라 사막에서도 하루 종일 불어로 '여긴 너무 더워!'를 외치고 다닐 때도 모두의 표정이 안 좋다는 것을 느끼고 있었다. 이들한테는 '영혼이 뜨겁다'로 해석될 수도 있었을 텐데, 다만 아프리카어 실력이 형편없고, 이들의 현실을 모르니 그 이유를 몰랐을 뿐이다.

그러고 보니 르완다의 거지들은 어떠했던가.

거리에 멍청하게 앉아 있다가 "배고파"라고 했을 뿐인데 모두들 심각한 표정으로 속닥거리더니, 자기들끼리 돈을 모아 빵과 콜라를 사주지 않았던가.

'설마 부자 백인(한국인)이 정말로 돈이 없겠어?' 하는 생각도 있었겠지만 "나 배고파"라는 말이 그들의 내면 무엇인가를 건드린 것만은 분명하다.

그것을 외국인에 대한 단순한 호의일 것이라 해석하고 아무 생각 없이 받아먹었던 나도 나지만, 지금 생각하면 내 무심함에 눈물이 날 것 같은 추억이기도 하다.

나는 돈 없이 하는 여행이 진짜 여행이라고 생각한다.

그래서 인도의 빈민거리와 중국의 외국인 출입금지구역을 드나들면서 정말 가난한 사람들을 보았다고 생각했었다.

[*주: 중국 정부는 국가 이미지를 위하여 가난한 사람들이 모여 있는 현지인 거주 지역에 외국인들의 출입을 금지하고 있으며, 반대로 외국인 지역에는 가난한 중국인들의 출입을 금하고 있다.]

하지만 아프리카에서 가난의 의미는 많이 다르다.

단순히 물가가 싸고 더러운 것이 아니라, 공장도 없고 농장도 없고 상점도 없다는 것이 이들의 가난이다.

그것은 내전만의 문제가 아니었다. 멍청한 독재자와 다국적 기업의 횡포로 가뭄과 질병은 점점 더 심화되고 있었다.

나는 이곳에서 독재자의 폭력에 분노하며 뛰쳐나갔다가 죽음을 당한 어느 의사의 이야기를 알고 있다. 마을 사람들은 그의 죽음을 그냥 바라보고 시신을 치웠을 뿐이다. 그들 대신 폭력에 맞서 주었던 의사의 죽음에 눈물조차 흘리지 않았다. 그리고 얼마 후 그 의사의 집에서 얼마 안 되는 재산을 조금씩 훔쳐 갔다.

이 이야기를 전했던 기자는 무엇보다도 그때 마을 사람들이 자신의 힘으로 뭔가 변하기를 기대하지 않았다고 했었다. 조금이라도 생체 에너지가 강한 사람이라면 그들과 함께 착취자가 되든지 그곳을 떠나 유럽으로 도망가려고만 한다고 했었다.

그렇다면 내가 아무리 눈물 흘리고 글을 쓴다 하여도, 설사 돈이 많고 국제사회가 움직인다 한들 정말로 변할 것은 아무것도 없는지도 모른다.

그리고 한국으로 돌아온 일상에서, 나 역시 타성에 젖고 실망에 빠져 그 마을 사람들과 다를 바 없으려는 자신을 발견하게 된다.

나는 지금 여기서 무얼 하고 있는가? 나는 무엇이 두려워서 진실을 쓰지 않고 있는가.

자꾸 꿈이 꿈으로만 끝나려고 한다.
나에게만 안전하다는 거짓 세상에 안착하려고 한다.

이래서 세상은 행동하지 않는 이상주의를 비겁하다 했던가.

박시시(적선)의 의미

〈구걸하는 아이에게 돈을 주거나 선물을 주지 마세요. 대부분은 부모가 있는 아이입니다. 만약 거리의 아이에게 뭔가를 주고 싶다면 가게에서 먹을 것을 사서 봉지는 뜯고 과일은 껍질을 벗긴 후에 주십시오. 그렇지 않다면 아이는 가게로 돌아가 돈으로 다시 바꿀 겁니다.〉

마더하우스에서 자원봉사자들에게 내려오는 당부의 말이다.

세상에서 가장 가난하고 더럽다는 콜카타.[8]

테레사 수녀님의 명성을 듣고 전 세계에서 자원 봉사자가 몰리는 만큼 아이들에게 구걸 놀이가 유행하게 된 것도 사실이었다.

길을 걷고 있는데 한 여자아이가 다리를 질질 끌며 애처롭게 따라온다. 부모를 물으니 아버지는 정신이상이라 하고 엄마는 팔다리를 못 쓴다며 병신 시늉을 한다.

...그래도 뭔가 이상하다.

혹시나 하는 마음에 피식 웃으며 눈꼬리를 올려 보이니 심통이 났나보다. 소녀는 험악한 표정으로 욕을 하더니 보란 듯이 뛰어서 돌아갔다.

바라나시의 아이들은 진심으로 외국인과 친구가 되고 싶어 했다. 그리고 친구가 된 아이들은 자신들의 보물 상자를 들고 나와 자랑을 했다. 각국의 여행자들에게 받은 소액 지폐와 자잘한 선물들...

아이의 노트에는 외국 친구의 이름과 국적, 집 주소, 기증(?)해준 선물 내역이 적혀 있고, 마지막으로 자신의 집에 방문한 날짜와 사인도 들어 있었다.

처음에는 구걸하는 것도 아이들의 놀이 문화라고 생각하고 귀엽게만 생각하고 있었다.

아이에게 있어서 외국인의 선물은 어린 시절 보물들일 테니까. 아이가 자라면 구걸 놀이를 그만두고 생업을 찾아갈 거라 생각하고 있었다.

하지만 마더하우스에서 사정을 들은 후 문제가 심각하다는 것을 쉽게 깨달을 수 있었다. 콜카타나 바라나시에서 만난 아이들은 자신의 신체를 망가뜨려 관광객들의 동정을 사고 있었기 때문이었다.

델리의 찬드니초크(전통 시장)에 있는 '고양이 아저씨'는 우리나라의 웬만한 인도 사이트에는 간판처럼 등장하는 유명인사다.

처음 찬드니초크를 방문했을 때, 그가 어릴 때부터 일부로 기이한 형상으로 구걸을 했고, 지금은 완전히 뼈가 굳었다는 말을 듣고 나는 진정한 프로 정신이라고 농담처럼 감탄했었다.

그리고 인도 곳곳에서 기이한 형상들을 보았을 때 여행자의 관점에서 더 많은 박시시(적선)를 주었던 것도 사실이었다.

하시만 콜카타에서 일부러 병신이 되어 구걸하는 아이들을 보았을 때 나는 마음속 깊은 곳에서 알 수 없는 충격을 받았다. 그리고 오랜 시간이 지나지 않아 나와 같은 관광객들이 수많은 아이를 '고양이 아저씨'로 키우고 있다는 걸 깨달았다.

나는 한국의 지하철에서 걸인들을 볼 때마다 많은 생각을 하곤 했었다.

'저들의 장애는 진짜일까?'

나는 종종 복지단체를 따라 자원봉사를 했었지만, 그들은 분명 거리의 걸인보다 나은 삶을 살고 있었다.

'저렇게나 힘든데, 왜 정부나 복지단체에서는 도와주지 않는 걸까? 저건 분명 거짓말이다... 하지만 저들 중 누군가는 정말로 도움이 절실한 사람인지도 모른다.'

책을 읽으며 자리에 앉아 있으면 오늘도 어김없이 책 위로 껌을 던지는 할머니. 무너져 버린 희망의 집 급박한 사정이 적힌 종이를 나눠주며 두 다리 없이 환한 미소로 인사하는 저능아 소년. 어려운 노인이나 장애아를 돕자며 알 수 없는 단체에서 나온 자원봉사자들...

오늘도 전철에서는 급작스러운 사고로 팔다리를 잃었다는 걸인 아저씨가 지나갔다. 도망가 버린 아내와 불치병에 걸린 두 아이들의 이야기가 적힌 쪽지를 써서 나눠 주고 있는 그에게는 정말 한쪽 다리가 없었고, 늘상 듣는 일인데도 아이들의 사연을 무심히 읽는 순간 또다시 눈물이 났다.

'하지만 이 이야기가 정말일까?'

나는 인도의 아이들을 떠올리며 적선하지 않겠다고 다짐했다.

'... 하지만 만약 정말이라면? 나는 정말로 그런 사정을 겪는 사람들을 많이 보지 않았던가!'

불구인 아버지는 내가 앉아 있는 지하철 칸에서 고작 두 개의 볼펜을 팔았을 뿐이다. 한 학생한테서 1,000원을 받았고 어느 아주머니에게서 500원을 받았다.

나는 그와 눈이 마주치는 것이 두려웠다. 그리고 그가 내 무릎 위에서 종이를 걷어가는 순간까지 내 안에서는 도와줘야 한다는 생각과 함께, 그들을 위해서라도 속임수에 넘어가면 안 된다는 마음이 싸우고 있었다.

그리고 그가 지갑을 꺼내든 나를 발견하지 못한 채 전철문을 닫고 다음 칸으로 이동할 때까지 그의 뒷모습을 바라보고 있었다.

... 나는 나 자신을 위로했다.

세계 어느 곳을 가나 거짓말하는 사람들은 모두 같을 거라고.

그리고 이번 달에는 항상 기부하는 복지단체에 얼마라도 더 기부해야겠다고.

그리고...

인도의 추억을 떠올리면서,

나에게 밥을 나눠 주던 그 가난한 가족들을 기억하면서,

그들을 잊은 듯한 현실이 나를 슬프게 만들었다.

어느 가게에서 본 아프리카

혼자서 오랫동안 여행을 다니다 보면 이유 없는 외로움과 절망이 몰려올 때가 있다. 몇 번 여행을 다니다 보면 으레 겪으려니 생각하게 되는 고질병이기도 하지만, 액땜을 하려고 그러는지 이번에는 여행지에 도착하자마자 병이 시작되어 버렸다.

도대체 왜 이곳까지 오게 되었을까? 혼자서 케이프타운의 거리를 터벅터벅 걸어 보지만 도무지 알 수가 없었다.

한국에서 살았던 지난 시간들이 거짓처럼 느껴진다. 그렇다고 한국이 그리운 것도 아니고 아프리카가 두려운 것도 아니다. 딱히 가족이나 친구들이 생각나는 것도 아니었다.

그대로 걸어서 볼더스비치로 갔다.

빈민촌으로 향하는 내가 굳이 요하네스버그가 아닌 케이프타운에서 내린 이유. 그 귀엽다는 펭귄을 바로 가까이에서 보고 싶었기 때문이었다.

그리고 바랐던 대로 내 주변을 뒤뚱거리며 돌아다니는 펭귄들.

나를 빤히 쳐다보는데 왠지 모르게 마음의 위안이 든다. 그 귀여운 표정에 반해 머리를 쓰다듬다가 물려 버렸다.

짜식들... 성질 더럽다.

엽서를 사서 바위에 걸터앉아 편지를 썼다.

바닷가의 어느 벤치 위에 앉아서, 열차 안에서, 때론 돌아다닐 수 없는 도시의 숙소 안에서. 나는 가끔 한국에 있는 누군가에게 편지를 쓰곤 했다.

외국에서 편지를 받으면 다들 반가운가 보다. 사람들에게 당신이 내게 소중하다는 것을 알리기 위해 편지를 쓰는 것이지만, 가끔은 내게 있어 족쇄가 되기도 한다. 반가운 소리를 쓰고 후딱 해치워 버리자 생각했었는데 왠지 바보 같은 소리도 떠오르지 않는다. 몇 글자 쓰지 못한 채 자리에서 일어났다. 정처 없이 헤매다 숙소로 돌아왔다.

여행족들은 때론 눈빛만으로 상대의 생각을 알 때가 있다.

바텐더는 나를 힐끔힐끔 쳐다보다가 물어본다.

"친구가 필요한가요?"

"아니요."

그는 더 이상 아무것도 묻지 않았다. 장기 투숙자인 친구들에게 테이블로 가라고 눈짓을 했다. 친구들은 나를 한번 쳐다보고 테이블로 옮겨가 자신들의 시간을 즐긴다.

그들도 내가 친구가 필요한 것이 아니라는 것을 알고 있다.

숙소를 나와 정처 없이 걸었다.

차가운 바람이 얼굴을 스쳐 지나간다. 겨울이라고는 하지만 한국인에게는 기분 좋은 날씨일 뿐이다.

희미한 불빛만 남아 있는 기념품 가게의 유리창 앞에 섰다. 아이를 안고 있는 마사이 가족... 남아프리카공화국에는 마사이족이 없다. 하지만 이제 이들은 아프리카를 대표하는 부족이 되어 버렸다. 이들을 만든 사람은 분명 장인이리라. 아니면 흘러나오는 불빛에 내가 취해 버린 것일까?

너무나 아름다워 보는 순간 눈물이 났다.

...내게도 이런 사랑이 있던가? 누나는 아이를 낳아 봐야 사람의 소중함을 알게 될 거라던 후배 녀석의 말이 떠올랐다.

오랫동안 알고 지낸 친구들이 나를 어찌 생각하는지는 모르겠지만 내가 아는 그때의 나는 감정이 격한 사람이 아니었다. 하지만 터져 나오는 울음에 나는 나 자신을 추스르지 못했다.

지구 반 바퀴를 돌아야 올 수 있는 이국땅 아프리카...

그러나 이곳이 아니라면 어디에서 울어 볼 수 있을 것인가.

울음을 그친 후에도 나는 오랫동안 가게 밖을 서성거렸다.

늦은 밤 언제든지 초인종을 누르라는 현관 메시지.

그러나 그 밤에도, 그 다음 날 밤에도 가게 앞에서 서성거렸을 뿐 끝내 들어가지는 못하였다.

종교의 힘

펭귄이 보고 싶었다. 그것도 아프리카에 산다는 펭귄이 보고 싶었다. 그래서 여기는 아프리카.

나는 아프리카의 최남단 케이프타운에 왔다. 누가 보아도 펭귄을 보고나면 할 일 없게 될 여행 일정. 하지만 늘 그래왔듯이 여행자란 원래 생각 없는 종족이 아니었던가.

3,000마리의 펭귄이 모여 산다는 볼더스비치에서 이틀을 머물며 깨달은 것이 있다면 펭귄은 귀엽다는 것이다. 펭귄은 털이 축축하고 고개가 뒤로 돌아간다는 것이다. 그리고 날마다 바다에서 헤엄을 치고 목욕을 해도 냄새가 나고 성질이 더럽다는 것이다.

펭귄에 대한 환상이 깨지는 데에는 긴 시간이 걸리지 않았다. 그리고 슬슬 펭귄이 지겨워질 무렵 나는 희망봉으로 놀러갔다가 인도인이라는 이르도시와 그의 형 부부를 만나게 되었다.

바보는 바보를 알아본다고 했던가...

나는 돌고래가 지나갈지 모른다는 희망으로 한 시간이 넘도록 바다를 바라보았고, 기다림에 지쳐갈 즈음 우리는 서로가 바보임을 알게 되었다. 그리고 잠시 동안 주고받은 대화에서 내가 인도 여행 중 머물렀던 오쇼 라즐리쉬의 명상센터에서 그 역시 오랜 시간 명상공부를 했음을 알게 되었다. 이르도시 가족과 저녁을 먹은 후, 우리는 또 다른 오쇼 제자인 팔사도의 집으로 갔다.

이르도시의 가족들과 다니면서 내가 팔사도의 집에 머물 수 있었던 것은 단 한 가지 이유였을 것이다. 건축가인 팔사도의 집은 케이프타운에서도 가장 아름다운 곳에 있었고, 그들은 오쇼 가족인 내가 케이프타운의 가장 아름다운 곳에서 마음 편히 쉴 수 있도록 배려해 주고 싶었을 테니까.

종교의 힘…

사실 오쇼의 사상은 종교가 아니었지만 우리는 같은 명상센터에서 있었다는 사실만으로도 서로에 대한 강한 믿음을 느낄 수가 있었다.

그리고 그들과 대화하면서 나는 오쇼의 사상 역시 종교와 비슷한 효과를 가지고 있다는 것을 깨닫게 되었다. 오쇼의 제자라는 이유만으로 우리는 서로의 영혼에 대한 강한 신뢰감이 있었고, 서로의 인생에 버팀목이 되기를 희망했으며, 세계 각지에 퍼져 있는 오쇼의 사상이 세상의 큰 힘이 될 것이라는 생각을 주고받았기 때문이다.

그러고 보니 한국의 꽃동네 사람들은 어떠했던가. 내가 테레사 수녀님의 마더하우스에 있었다는 것만으로도 내가 봉사하는 삶을 살고 있을 거라 믿고, 나를 특별하게 생각해 주지 않으셨던가?

열흘 남짓 머물렀던 케이프타운의 추억을 묻는다면 인종차별로 말미암은 빈부 격차, 하다 못해 케이프타운의 흑인들에 대해서도 아는 것이 아무것도 없다. 다만, 풀 냄새가 퍼져 나가던 팔사도네 정원과 가까이서 밀려오던 바닷물, 커다란 보름달을 기억한다.

그리고 세계 각지에 퍼져 있을 오쇼의 가족들…

가끔 사람들은 내게 묻는다. 여행에서 무얼 얻어 오냐고…
그리고 자신의 아이에게 무얼 물려줄 수 있냐고…
만약 누군가의 인생에서 삶의 버팀목이 될 수 있는 무언가를 묻는다면, 길에서 알지 못하는 누군가를 만났을 때 서로를 강하게 묶어 주는 종교의 힘을 이야기해 주고 싶다.
그것이 세상이 인정하는 기독교나 불교라면 좋겠지만, 다른 신이어도 좋고, 종교가 아닌 철학이나 사상이어도 좋다.
그가 믿는 것이 얼마나 진실인지는 알 수 없으나,
한 사람의 삶에서 내적으로나 외적으로 든든한 후원자가 될 것임이 분명하기 때문이다.

에필로그

여행의 추억들은 아주 가끔

어느 도시였는지 어느 계절이었는지는 생각이 나지 않는다.

그곳에는 커다란 절이 있었다. 나는 절에서 며칠 머물다가 다시 세속으로 돌아가는 길이었다.

절에서 내려오는 길에는 어느 아주머니가 길동무가 되어 주셨다.

함께 걷는 사이에 나는 그녀가 좋아지고 있었다. 약한 햇빛을 받아 흩날리는 그녀의 머릿카락이 아름다웠고, 조잘조잘 떠들어 대는 내게 귀 기울여 주던 침묵 또한 나의 마음을 사로잡고 있었다.

"전 그냥 며칠 휴가를 이용해서 이곳저곳 돌아다니고 있어요. 아주머니는 이 절에 다니시나 봐요?"

"얼마 전에 슬픈 일이 있었지요. 아주 슬픈 일이요."

"…."

"얼마 전에 둘째 아들이 죽었지요. 교통사고였어요. 아이를 보낸 후에도 자꾸만 떠올라 부처님께 절을 드리고 내려오는 길이랍니다."

담담히 울렸던 목소리에서 슬픔이 느껴졌다.

"좋은 곳으로 가셨을 거예요. 그럼 지금 큰아드님은 어머님을 기다리고 계시겠네요?"

"큰아들은 어렸을 때 병으로 죽었답니다."

"다른 자제분은요?"

"딸이 있는데 오래 전에 시집을 가서 잘 살고 있지요."

그래도 딸이 남아 있었구나. 안도의 숨이 새어 나왔다.

"부처님께 오랫동안 기도하셨겠네요. 절에 며칠 계셨나요?"

"오늘 새벽에 올라왔다가 내려가는 길입니다. 아이들을 위해 절에서 기도하고 싶지만 남편이 허락해 주지 않아서요. 단 하룻밤을 묵는 것도 안 된다고 하니 새벽에 밥을 차려 주고 올라갔다가 해지기 전에 내려오지요."

절에서 버스 정류장까지는 한 시간이 넘는 거리.

버스를 탄 후에도 마을까지 걸리는 시간을 생각한다면 하루 만에 오르내리기에는 다소 무리가 있었다. 하지만 아주머니는 한 달이 넘도록 절에 다니시는 중이었다.

우리는 말없이 길을 걸었다.

아주머니의 사연은 안타까웠지만, 절에서 기도를 허락해 주지 않는 남편도 이해할 수 있을 것 같았다. 아내가 절에서 죽은 아들만 생각하고 있다면 남아 있는 남편은 누구와 세상을 살아 갈 것인가. 죽은 자식을 위해 기도하기 시작하면 평생 절에서 내려오지 않을지도 모르는 일이었다.

서둘러야 했던 것은 어느 아저씨와의 약속 때문이었다.

이틀 전 마을에서 트럭을 얻어 타고 절로 올라왔는데 아저씨가 들려주는 여러 이야기가 재미있었고, 우리는 꽤 친해졌었다.

아저씨는 트럭을 가지고 전국을 떠돌아다니며 일을 한다고 하셨다. 그리고 지금은 없어졌지만 이 동네 고아원에서 자랐다고 하셨다. 이곳에 집이 있기에 떠돌이라는 생각은 해 본 적이 없다 하신다. 어렸을 때부터 절에 다녀 이곳 사람들과 무척이나 친하다고 하셨다.

절에 오르기 전 동네에서 받았던 사과를 하나 꺼내 주면서 아저씨 집 마당에는 전국에서 주어온 수백 개의 돌들이 가득하니 절에서 내려오면 구경 오라고 하셨다. 언젠가는 소문을 듣고 누군가가 찾아왔는데 돌 전체를 한꺼번에 팔라고 하는 것을 거절했단다.

아마도 그중에 수석이 한두 개 섞여 있는 거겠지.

돌을 볼 줄 모르니 수석을 본다 한들 알 수는 없겠지만, 그래도 나는 수석을 품고 있을 그 수백 개의 돌들이 보고 싶었다. 아저씨는 며칠 후 나를 데리러 절로 오겠다고 하셨지만 천천히 산천 구경을 하고 싶다는 욕심에 버스 정류장에서 만나기로 했던 것이다.

그를 의심했던 것은 아니었다.

이 동네에서 수십 년을 살았던 것이 분명했고, 마을 사람과 절 사람들 모두가 그를 좋아했었으니까.

하지만 아저씨를 만날 시간이 다가오면서 내 마음 한 곳에서는 작은 걱정이 일어나기 시작했다. 아무리 동네 사람들이 그를 반갑게 맞이했다 한들, 아무리 그의 집이 마당이 훤히 보이는 담 낮은 시골집이라 했고 내가 위험을 보는 눈이 생겼다 자부한들 세상의 위험은 언제나 생각지도 못한 곳에서 일어나는 게 아니었던가.

저 멀리 트럭이 보이자 혹시나 하는 마음에 그녀를 쳐다보았다.

"저기 트럭 아저씨가 댁에 모아 둔 돌을 보여 주기로 하셨는데요, 정말 볼거리가 많대요. 같이 가요, 아주머니."

그녀는 내게 보일 듯 말 듯한 미소를 보여 주었다. 아니, 표정에는 변화가 없는데 나는 왠지 그녀가 슬픈 미소를 짓고 있다는 착각이 들었다.

거절하리라는 것은 내 마음이 알고 있었다.

아주머니에게 내 부탁을 들어 줄 여유 같은 것은 없을 것이다. 하지만 저 멀리서 아저씨가 나를 향해 손을 흔들었을 때 내 마음은 급해지고 있었다.

"어차피 같은 방향이잖아요. 버스를 기다리는 것보다 같이 들렀다가 댁에 돌아가시는 것이 훨씬 편하지 않아요?"

그녀는 오랫동안 침묵했다.

"잘은 모르지만 좋은 분인 것 같아요. 좋은 여행 하세요, 아가씨."

트럭에 올라타면서도 나는 미련을 버리지 못하고 아저씨에게 부탁했다.

"아주머니도 같은 방향이니까 함께 가요. 아저씨."

아주머니는 난처한 표정을 지으셨다.

"전 괜찮아요. 아가씨."

"에이~ 그러지 말고 함께 가요."

"가실 겁니까?"

아저씨는 무뚝뚝하게 물었다.

"아니요. 전 버스 타고 갈게요. 그럼 좋은 여행하세요. 아가씨."

아주머니의 말 끝자락 속에 배어 나온 알 수 없는 슬픔에 나는 내 이기적인 언사가 부끄러워졌다.

나는 아주머니의 슬픔을 알고 있으면서도 내 상황을 앞세워 이미 죽어 버린 아들보다도 전혀 위험하지 않았던, 하지만 조금 걱정스러운 마음에 처음 만난 나를 돌아봐 달라고 떼를 썼던 것이다.

이것은 내가 어리고 철이 없어서가 아니라 그냥 나란 사람의 이기심일 뿐이다.

...가끔은 영화의 한 장면처럼 여행의 추억이 떠오를 때가 있다.

여행을 떠날 때면 나는 언제나 자유롭고, 좋은 사람이고 싶었다.

그래서 가끔은 자신에게 묻곤 한다.

나를 아는 사람이 없었던 그곳에서 나는 어떤 사람이었는지를.

그리고 오래 전의 내가 얼마나 어리석고 아름답지 않은 사람이었는지를 깨닫게 된다.

그리고 여행의 추억들은 아주 가끔...

세상을 살아가는 자신을 뒤돌아보게 만들었다.

1) 아프리카 여행 당시 어느 국제기구에서 독일인이라 들었던 이 이야기는 김혜자 씨의《꽃으로도 때리지 마라》에서는 네덜란드인 이야기로 소개되고 있다.

2) 아프리카에서 일반적으로 알려진 것과는 달리 (의학자들에 의하면) 알비노의 주요 원인은 혼혈이 아닌 근친결혼으로 추정되고 있다. 현재 탄자니아에서는 '알비노 환자의 신체 일부가 있으면 부자가 된다.'라는 미신이 있어 매년 20~40명의 알비노 환자들이 괴한에게 살해당하고 있다.

3) 에이즈(AIDS): 후천성 면역결핍증의 약자로 에이즈 바이러스를 직접 보는 것이 아니라, 혈액 내에서 부서진 면역세포가 발견되는 경우(HIV양성반응)나 면역력이 일정 기준 이하로 떨어진 경우를 말한다. 의학적으로는 HIV의 자체나 HIV에 감염되어 있는 살아있는 세포를 발견하지 못했으며, (이것은 HIV감염과 에이즈 관계가 증명되지 않았다는 것을 의미한다.) 이 때문에 에이즈에 실체에 대한 회의론이 의학자들 사이에서 논쟁되고 있다. 실제로 아프리카에서 진단되는 에이즈의 경우의 대부분은 HIV감염이 아닌 영양실조 등에 대한 오진으로 보인다.
   -독자 참고자료: 《에이즈는 없다》 한국 에이즈 재평가를 위한 인권모임. 휘닉스 2003
   《국가의 거짓말》 임승수, 이유리. 레드박스 2012
   《아주 중요한 거짓말》 실리아파버. 씨앗을 뿌리는 사람 2010
   다큐멘터리 영화 《House of numbers》 미국 2009

4) 아프리카 여행 당시 여러 통의 편지를 썼으나 내용 구성을 위해 이 두 통의 편지에 압축했음을 밝혀 두는 바이다.

5) 당시 국내의 환율대란과 야학지의 폐간 등으로 남미에서의 취재 내용들은 결국 기사화되지 못하였다.

6) 생텍쥐페리의《어린 왕자》는 작가 사후 50년이 넘어 삽화에 대한 저작권이 소멸되었다.

7) 테드가 말한 다음 생이란 당시 내가 테드에게 말해 주었던 '천생연분'(천 번의 생에서 계속 만나는 인연)을 뜻하는 것으로 보인다.[*천생연분의 사전적 의미는 하늘이 맺어 준 인연이라는 뜻입니다.]

8) 세계에서 가장 가난한 도시는 미국의 경제 전문지《포춘》에서 선정하고 있으며, 인도의 콜카타는 매년 순위 안에 들고 있다.

위험한 여행

1판 1쇄 발행 | 2015년 9월 25일

지은이 | 박근하
주 간 | 정재승
교 정 | 박지혜
디자인 | 배경태
펴낸이 | 배규호
펴낸곳 | 책미래

출판등록 | 제2010-000289호
주 소 | 서울시 마포구 공덕동 463 현대하이엘 1728호
전 화 | 02-3471-8080
팩 스 | 02-6353-2383
이메일 | liveblue@hanmail.net

ISBN 979-11-85134-26-0 03980

국립중앙도서관 출판시도서목록(CIP)

(허락받지 못할 한량한 젊음의) 위험한 여행 / 지은이: 박근
하. -- 서울 : 책미래, 2015
p. ; cm

ISBN 979-11-85134-26-0 03980 : ₩14000

여행기[旅行記]

980.24-KDC6
910.4-DDC23 CIP2015025348